北京市考古研究院
Beijing Institute of Archaeology

北京市考古研究院学术研究丛书（第 42 号）

北京北海公园小西天建筑群结构检测与保护研究

北海公园管理处
北京市考古研究院
（北京市文化遗产研究院）
编著

學苑出版社

图书在版编目(CIP)数据

北京北海公园小西天建筑群结构检测与保护研究 / 北海公园管理处,北京市考古研究院(北京市文化遗产研究院)编著 . — 北京:学苑出版社,2023.2

ISBN 978-7-5077-6603-5

Ⅰ.①北… Ⅱ.①北… ②北… Ⅲ.①北海公园—古建筑—建筑结构—安全监测—研究 Ⅳ.① TU317

中国版本图书馆 CIP 数据核字(2023)第 041359 号

责任编辑:魏 桦 周 鼎
出版发行:学苑出版社
社 址:北京市丰台区南方庄 2 号院 1 号楼
邮政编码:100079
网 址:www.book001.com
电子信箱:xueyuanpress@163.com
联系电话:010-67601101(营销部)、010-67603091(总编室)
印 刷 厂:英格拉姆印刷(固安)有限公司
开本尺寸:889 mm × 1194 mm 1/16
印 张:17.75
字 数:244 千字
版 次:2023 年 2 月第 1 版
印 次:2023 年 2 月第 1 次印刷
定 价:360.00 元

编委会

前言

　　北海小西天极乐世界建筑群是全国重点文物保护单位北海及团城的重要组成部分，位于北海公园西北隅五龙亭以西，万佛楼普庆门以南，乾隆三十三年（1768 年）始建，并于乾隆三十五年（1770 年）建成，是乾隆皇帝为其母亲孝圣皇太后祝寿祈福所建。

　　该建筑群属于坛城式，整体空间布局严谨，院落采取轴对称布局，主要由极乐世界殿、角亭、琉璃牌坊及水池驳岸等文物本体组成。中央极乐世界殿象征须弥山，四面环水，四隅各建有一座攒尖重檐角亭拱卫，象征佛教的四大部洲。四方各设有一座石桥向外联络，桥的外端均立有一座四柱三间的琉璃牌坊，角亭与牌坊一道与外周红墙相接，形成合围，以别内外。

　　对北海小西天极乐世界建筑群进行安全检测，主要存在三方面原因：

　　一、北海小西天极乐世界建筑群内极乐世界殿、角亭以及琉璃牌坊屋面瓦垄拔节、走闪较为明显，部分瓦件已碎裂、缺失，破损程度及范围较大，致使各建筑屋面渗漏现象严重，其中，各建筑檐头处残损情况尤为明显，多处已出现了木基层脱落、缺失，泥背外露、下沉现象，屋面上部瓦件出现明显松动、下垂迹象，存在坠落的安全隐患，已对游览安全造成威胁。

　　二、北海小西天极乐世界建筑群内文物建筑本体大木构架历经多时期加固，且存在多时期加固措施并存的现象，加之建筑长期缺乏修缮及养护，木构架现存的铁箍加固构件普遍锈蚀，部分加固构件已完全松脱、变形，失去原有对木构架加固的效能，致使原须加固的木构件榫卯连接处出现进一步松脱的趋势，存在一定安全隐患。

　　三、北海小西天极乐世界建筑群为对外开放的文物建筑群，文物建筑的安全不仅关系到文化遗产的保护与延续，也关系到开放及使用中的公众安全。

　　因此，北海公园管理处委托我单位，对北海小西天极乐世界建筑群进行结构安全检测鉴定。本次检测是在参照《古建筑结构安全性鉴定技术规范 第 1 部分：木结构》（DB11/T 1190.1–2015）的基础上，进行现场应用的一个实例，是北海公园目前最大规模的运用科学检测方法对古建筑群进行无损检测和安全鉴定的一次实践。本次实践系统运用检测技术，证明了运用无损检测技术的可行性，提高了结构安全检测的准确性，对北海公园的古建筑保护工作来讲也是一次新的尝试。

本次北海小西天极乐世界建筑群进行安全检测，将每个建筑单体作为一个鉴定单元，每个鉴定单元主要分为三个子单元，即地基基础、上部承重结构和围护系统。具体内容包括地基基础承载情况、是否存在不均匀沉降、木材材质状态、主要木构件无损检测、承重构件受力状态和承载情况、主要连接部位工作状态、结构构件变形与损伤、围护结构的损伤情况等。

北海小西天极乐世界建筑群检测鉴定工作的开展，自 2022 年 4 月始，历时 3 个月完成。报告中包含 9 处被检测建筑单体的主要检测内容及技术手段、检测过程、鉴定的结果、长期监测建议和应对措施建议等内容。以上内容主要分为两大部分进行阐述，第一部分针对每个建筑单体详细记述了建筑简况、检测鉴定项目与依据、地基基础勘查、地基基础雷达探查、结构振动测试、结构外观质量检查、木构件勘察、检测鉴定结论、处理建议等内容；第二部分为材料检测附录。

古建筑检测鉴定与现代建筑检测鉴定有所不同，古建筑的检测鉴定现无一套成熟的操作体系和技术方案，须根据建筑的实际情况，结合现有结构检测鉴定技术，制定具体的实施方法。本次鉴定主要按照北京市地方标准《古建筑结构安全性鉴定技术规范 第 1 部分：木结构》（DB11/T 1190.1–2015）中的规定和相应方法进行。参照执行的相关标准和规范有《古建木结构维护与加固技术规范》（GB 50165–2020）、《建筑结构检测技术标准》（GB/T 50344–2019）、《古建筑砖石结构维修与加固技术规范》（GB/T 39056–2020）、《古建筑防工业振动技术规范》（GB/T 50452–2008）、《木结构设计规范》（GB 50005–2003）、《木材鉴别方法通则》（GB/T 29894–2013）等。由于这些规范中有关古建筑的内容还不完善或不具体，实施时还须结合现场情况，进行大量的试验和分析研究。

本次结构安全鉴定的基本程序：确定鉴定标准，明确鉴定的内容和范围；资料调研，收集分析原始资料；现场勘查，检测结构现状和残损部位；分析研究，评估结构承载能力；鉴定评级，对调查、检测和验算结果进行分析评估，确定结构的安全等级。希望通过这些文字，能够留下北海小西天极乐世界建筑群结构安全检测鉴定的些许记录，供大家研究参考。由于成书仓促，书中所述难免会有不妥之处，恳请各位读者不吝批评指正。

编　者

2023 年 1 月

目录

第一章　北海小西天建筑群概况

1. 历史沿革

北海公园，位于北京市西城区文津街 1 号，东邻景山公园，南濒中南海，北连什刹海，全园占地 68.2 万平方米（其中水域面积 38.9 万平方米，陆地面积 29.3 万平方米）。

小西天建筑群位于北海公园西北角，在五龙亭以西，万佛楼普庆门以南，是北海公园的重要组成部分。

小西天建筑群以极乐世界殿为中心，极乐世界殿为重檐四角攒尖顶木结构大殿，殿周围环绕着装有汉白玉栏杆的筒子河，四面中间各有一座石平桥跨过。桥外侧各有一座砖砌琉璃牌楼，东北、东南、西北、西南四角各有　座重檐四角攒尖方亭。牌楼与方亭由宇墙连接。

这组建筑群占地约 6225 平方米，始建于乾隆三十三年（1768 年），乾隆三十五年（1770 年）建成，是乾隆皇帝为其母亲孝圣皇太后祝福祈寿所建。乾隆三十三年二月二日奏销档记载："奏为新建极乐世界工程拆卸兴工，先领银五万两事……"同年，"根据奏准烫样详细估得重檐佛殿一座，四面各显七间，菱花隔扇十二槽，槛窗十六槽。重檐方亭四座，四面各显三间，菱花隔扇十六槽，槛窗三十二槽"。乾隆三十五年八月一日奏案：万佛楼、极乐世界殿竣工。极乐世界工程奏销黄册："新建极乐世界重檐方殿一座，四面各显七间……方亭四座，四面各显三间……琉璃牌楼四座，石平桥四座，券桥一座……"殿内设佛台，佛像二两余尊，重檐佛亭九座，宝塔，瀑布，西蕃多宝柳树，各类地景花卉数百攒。此次营建工程还承袭北海范围内佛寺设东所（寝宫）的做法，在万佛楼建筑组群东侧添建专供礼佛休憩的小园林——澄性堂建筑组群。

极乐世界是清高宗在北海范围内经营的最后一处大规模建筑组群，至此，北海总体格局基本定型。西苑形成以琼岛永安寺和白塔为视觉中心，一片海天佛国的宗教园林景象，体现出乾隆"何分西土东天，倩他装点名园"的经营思想，博采百家之长，营造国朝盛景，构建出多元民族和谐共处、多元文化熔铸一炉的帝国形象。

极乐世界组群，整体空间布局严谨，院落对称，主要由极乐世界殿、四角方亭、四座琉璃牌楼及环殿水池、驳岸等文物本体组成，总建筑面积约 1810 平方米。极乐世界组群的空间为"曼荼罗"式布局，其中主殿为乾隆时期典型"都纲殿"特征。主殿在民国时期也称"观音殿"，经查阅清代各项奏案，均称"极乐世界殿"，为正确使用建筑名称，故将"观音殿"改称极乐世界殿。

极乐世界殿位于整组建筑群的中央，四面各显七间，35.4 米见方，面积约 1246 平方米，通高 26.9 米，屋顶为重檐四角攒尖屋顶铜质镏金宝顶，屋面覆以黄色琉璃瓦绿剪边。殿内有擎檐柱 36 根、檐柱 28 根、金柱 20 根、钻金柱 4 根，共 88 根。钻金柱高 13.5 米，梁的跨度约 13.5 米。殿中央设有须弥山一座，分上下五层，上设重檐亭九座，宝塔六座，大小佛像二百二十六尊，树株地景均有计数。东、北、西三面设木制彩门，游人可经此拾级而上，路两侧有众多菩萨罗汉像，错落有致，彩云缭绕。最上为铜铸无量寿佛，即阿弥陀佛，有增福延寿之意，为清代皇帝寿辰和祈福常用的敬献供奉题材，其正上方为镀金的盘龙八方藻井，与下方须弥山契合。

极乐世界殿四周水池环绕，四面正中各有石平桥一座，桥外建有四柱七楼琉璃牌楼各一座，水池内侧及桥上装有汉白玉石栏板、龙凤望柱头，四角各有重檐攒尖方亭一座，屋面覆以削割瓦，绿剪边，绿琉璃宝顶。亭子与牌楼之间以黄琉璃砖顶红墙连接，形成正方形平面。南面琉璃牌楼外有白玉石拱券桥一座，桥上亦装有龙凤柱头栏板望柱，桥下有东西向月牙河，河与极乐世界殿周围水池相通。初建时水源是由西大墙外暗沟流入，然后泄入北海。

2. 修缮历史

1949 年以后，极乐世界殿曾因佛山造型残破进行封闭。1952 年为了安全起见将残破不堪的佛山造型拆除，1993 年恢复殿内须弥山佛像并对外开放。1976 年以来曾多次酝酿修葺，均因资金和木材不足而暂缓。在修缮前普查时，发现西边 13.5 米跨的大梁有严重隐患，当时无修缮资金，因而停止使用。1983—1985 年，管理部门依据包卫宁《北海公园小西天修复工程》等相关文献对小西天建筑群进行了全面的整修。极乐世

界殿的主要修缮措施为：挑顶重做屋面；东、西花台梁加固；抽换和加固了部分柱子、桃尖梁、抹角梁、雷公柱等。四个角亭全部进行了挑顶翻修，打牮拨正，更换了太平梁、雷公柱、望板、翘飞等木构件，对其他木构件则普遍修补加固。琉璃牌楼将屋面瓦件和泥、灰背拆除，重新添配整齐；对破损的椽板、斗拱、昂嘴进行修复。极乐世界建筑群整体保存基本完好，现作为北海公园石质文物展陈场所。

第二章　检测鉴定方案

1. 检测范围

检测鉴定范围包括北海小西天建筑群的极乐世界殿，东北角亭、东南角亭、西南角亭、西北角亭等四座角亭，东牌楼、南牌楼、西牌楼、北牌楼等四座牌楼，共9个建筑单体，检测总面积共约 1696 平方米。

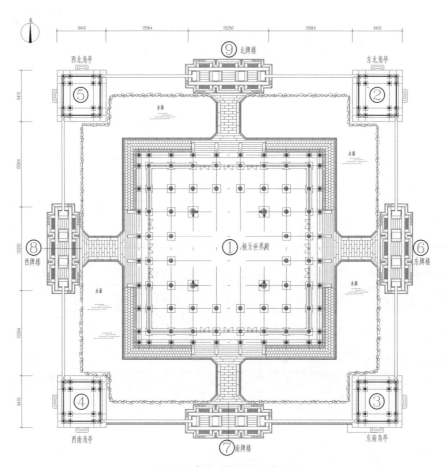

小西天建筑群平面示意图

4

2. 检测鉴定项目与依据

2.1　检测鉴定内容

本次检测鉴定内容为：全面检查建筑主体结构和主要承重构件的承载状况；查找结构中是否存在严重的残损部位；采用多种方式、手段进行检测，最后根据检查结果和相关检测数据，评估在现有使用条件下，结构的安全状况；并提出合理可行的维护建议。具体检测鉴定内容包括以下 8 部分：

（1）外观质量检查；

（2）地基基础雷达探查；

（3）脉动法测量结构振动性能；

（4）木材材质状况勘察；

（5）木构件树种鉴定；

（6）构件变形检测；

（7）结构安全性鉴定；

（8）处理建议。

2.2　检测鉴定依据

（1）《古建筑结构安全性鉴定技术规范 第 1 部分：木结构》（DB11/T 1190.1–2015）；

（2）《古建筑木结构维护与加固技术规范》（GB 50165–2020）；

（3）《古建筑砖石结构维修与加固技术规范》（GB/T 39056–2020）；

（4）《砌体工程现场检测技术标准》（GB/T 50315–2011）；

（5）《建筑结构检测技术标准》（GB/T 50344–2019）；

（6）《砌体结构设计规范》（GB 50003–2011）；

（7）《古建筑防工业振动技术规范》（GB/T 50452–2008）等。

3. 检测及鉴定程序

结构安全性检测及鉴定的基本程序：

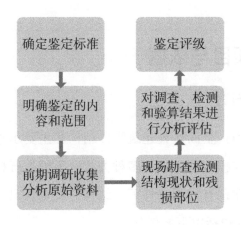

4. 检测及鉴定内容

4.1 了解基本情况，收集有关资料

根据委托内容进行实地考察，了解文物建筑周边环境和建筑本体的使用情况，对文物建筑现状有一个初步的整体概念，明确主要病害问题所在，进行初步判断。需要收集的资料主要包括：该文物建筑的建造年代和特点、原有的形制和规模、历次维修的情况、建筑图纸资料等。

4.2 补充测绘

在进行检测工作之前，须仔细核对已有建筑图纸与建筑实际现状是否一致，对存在较大差异的部分进行补充测绘，完善工作图纸。如委托方无现成的建筑图纸可以提供，则须委托我方或第三方进行全面的测绘工作，绘制相应的平面、立面、剖面建筑图纸以供进行现场检测工作时使用。

4.3 建筑现状勘查

建筑主体的现状勘查内容，主要分为三部分：地基基础、上部承重结构和围护系统。包括地基基础承载情况、是否存在不均匀沉降、木材材质状态、承重构件受力状态和承载情况、主要连接部位工作状态、结构构件变形与损伤、围护结构的类型与损伤等。

4.4　建筑沉降和倾斜情况的检测

以建筑室内外地平或柱础等标高为基准，测量相对高差，推算地基的相对不均匀沉降趋势。墙体和木构件倾斜情况的检测，可采用铅锤放线测量配合光学仪测量的方法，通过测量墙体和木构件上下两端的相对水平偏差和竖向高度推算两者的倾斜量是否超限，亦可以以此法衍生测量构件的挠度值，判断其安全性。

4.5　承载能力验算

针对严重的整体位移或出现局部破坏的情况，必要时，可测算建筑物的荷载及其分布情况。

5. 主要检测技术及相关仪器的使用

现场勘查时，我们可根据需要采用以下常规的或先进的检测技术和仪器：

5.1　检查材料强度

回弹法：回弹仪，非破损检测黏土烧结砖和砌筑灰浆的强度。

贯入法：贯入仪，非破损检测砌筑灰浆的强度。

超声波探伤：超声仪，非破损检测石材、木材内部缺陷和裂缝深度。

实验室材性检测：木、石和钢等建材样品的力学性能检测。

木构件树种鉴定：对主要结构木构件，分别取样进行树种鉴定，确定材料力学性能范围。

5.2　探查缺陷

雷达探伤：探地雷达，非破损检测混凝土和砌体结构深部缺陷，探测地下结构部位。

内窥镜：内窥镜，通过结构或材料孔隙，探查隐蔽部位情况。

木构件安全无（微）损检测：使用应力波三维成像仪和木构微钻阻力仪，对重要的木构件进行安全无（微）损检测。

5.3 现场检测

高精度全方位测量：全站仪直接或间接全方位测量结构的几何尺寸，还可测量结构的倾斜、变位和构件挠度。

高精度自动扫平：自动扫平仪，在高空中测量结构各部位的水平或垂直度，以及构件的倾斜、变位和构件挠度。

5.4 实验室模拟试验

模拟试验：动、静力加载检验模拟构件、结点或结构的承载能力。

6. 鉴定评级，提出建议

综合现场情况及各项检测结果，统筹数据进行后期分析，利用相关标准和规范进行判定和验算，最终确定其安全性等级，对该文物建筑结构安全性进行评估及鉴定。并根据现场情况，考虑结构特点，提出切实可行的处理建议。

7. 检测及鉴定项目明细

按照鉴定标准、程序、内容及技术，结合各单项的结构类型及保存现状，初步确定检测鉴定项目及基本工作内容如下表：

结构检测与评估内容	
1	常规工程检测鉴定
2	结构勘察测绘
3	雷达、红外、超声探测结构内部构造
4	文物建筑木构件树种鉴定
5	文物建筑木构件安全无（微）损检测
6	建筑补测
7	辅助用工及临时设施

第三章　极乐世界殿结构安全检测鉴定

1. 建筑概况

1.1　建筑简况

极乐世界殿为重檐四角攒尖顶大殿建筑，面阔七间，进深七间，有周围廊。黄琉璃瓦心，绿琉璃镶边。建筑台明长宽均为 35.13 米。建筑屋脊标高 23.24 米。

殿每面中央三间面阔 4.48 米，余间均 4.20 米，廊深 1.97 米，通面阔 30.24 米；周围廊封檐柱 36 根，截面 360 毫米×360 毫米。殿四周檐柱 28 根，直径 650 毫米；殿内金柱 20 根，直径 730 毫米；钻金柱 4 根，直径 960 毫米，其内侧附抱柱。封檐柱高 7.06 米，檐柱高 6.52 米，金柱高 12.01 米，钻金柱高 13.55 米。钻金柱顶花台梁截面 1090 毫米×780 毫米，跨度 13.44 毫米。钻金柱顶花台梁上设抹角梁，抹角梁支撑中金檩，中金檩上再设抹角梁，抹角梁支撑上金檩，上金檩上为太平梁及雷公柱。

1.2　现状立面照片

极乐世界殿西立面

极乐世界殿东立面

极乐世界殿南立面

极乐世界殿北立面

1.3　建筑测绘图纸

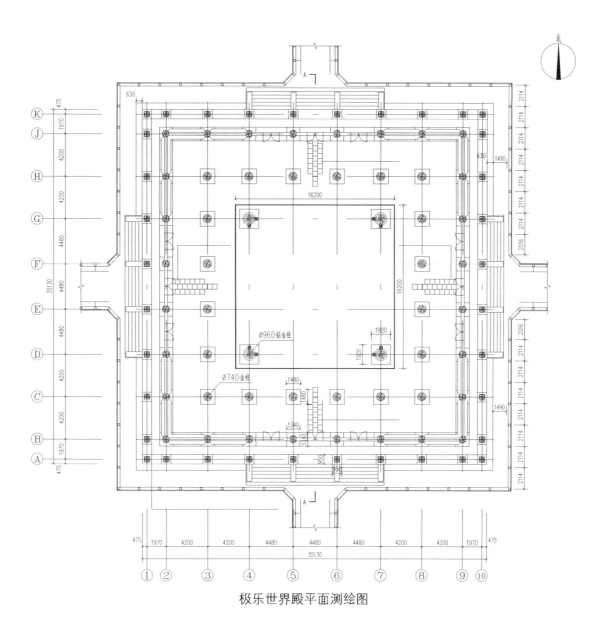

极乐世界殿平面测绘图

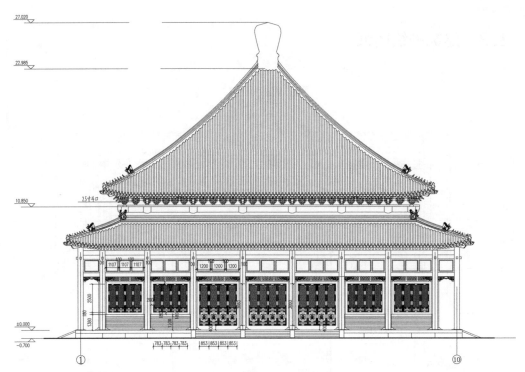

极乐世界殿南立面测绘图

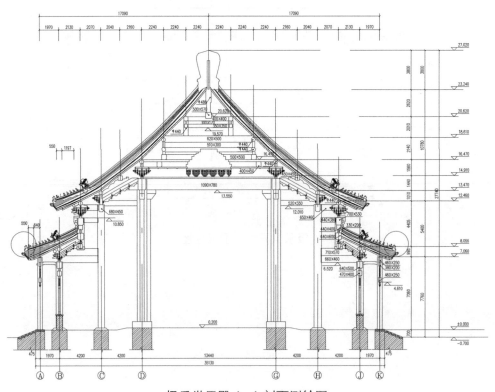

极乐世界殿 A-A 剖面测绘图

2. 地基基础雷达探查

采用地质雷达对结构地基基础进行探查。雷达天线频率为300兆赫，测试深度约为1.5米，雷达测线见示意图，详细测试结果见后图。

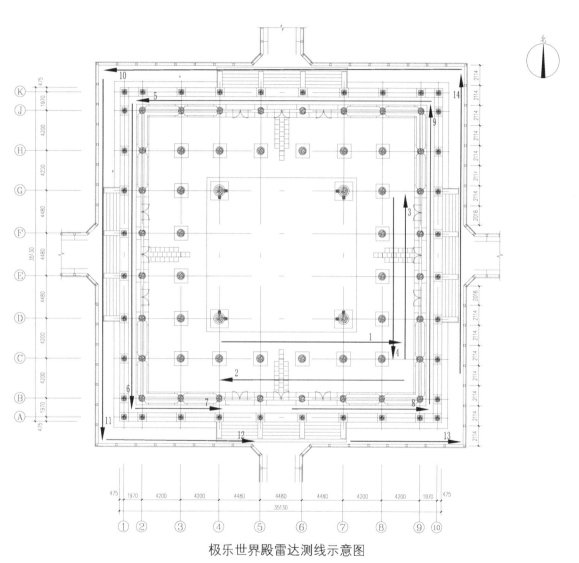

极乐世界殿雷达测线示意图

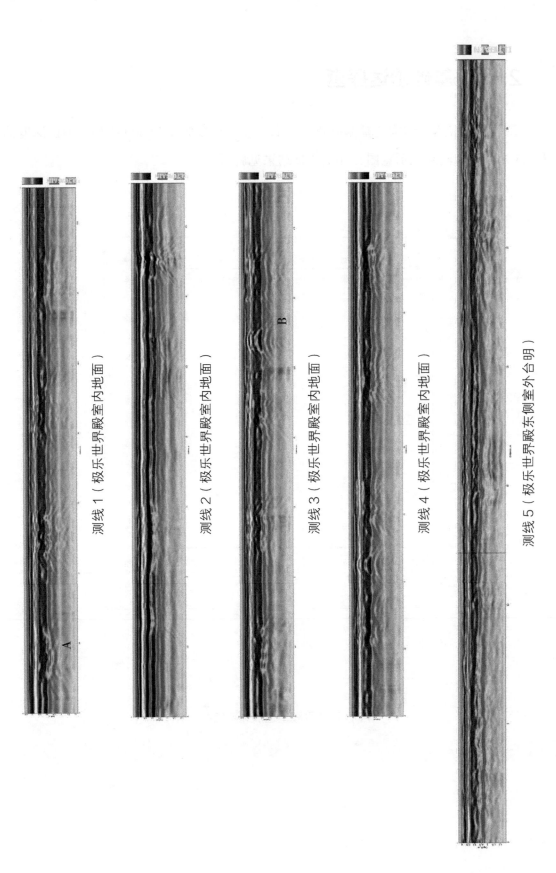

测线 1（极乐世界殿室内地面）

测线 2（极乐世界殿室内地面）

测线 3（极乐世界殿室内地面）

测线 4（极乐世界殿室内地面）

测线 5（极乐世界殿东侧室外台明）

测线 6（极乐世界殿北侧室外台明）

测线 7（极乐世界殿南侧室外台明）

测线 8（极乐世界殿南侧室外台明）

测线 9（极乐世界殿东侧室外台明）

测线 10（极乐世界殿北侧室外地面）

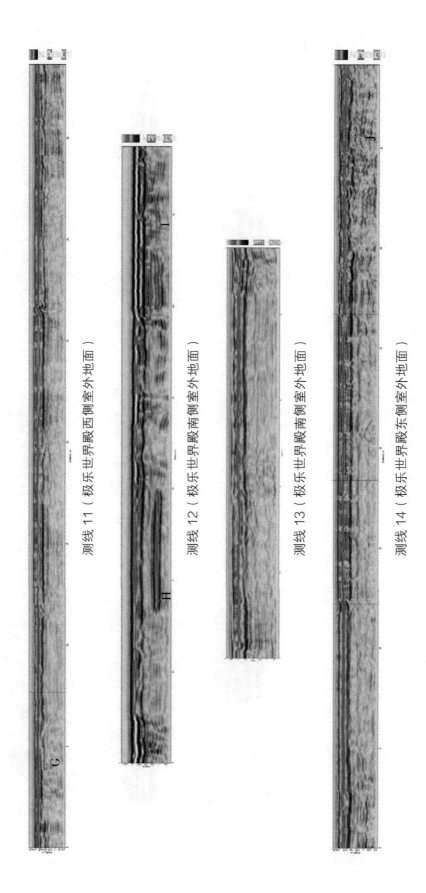

测线 11（极乐世界殿西侧室外地面）　测线 12（极乐世界殿南侧室外地面）　测线 13（极乐世界殿南侧室外地面）　测线 14（极乐世界殿东侧室外地面）

由测线 1～测线 4 可见，极乐世界殿室内上表面雷达反射波形态基本类似，经过基础拦土时存在明显强反射（如 A 点）；经过东侧及南侧中间大门入口处也存在强反射（B 点），表明此部分下部材质及地面铺装做法存在区别，地面下方未发现存在明显空洞等缺陷。

由测线 5～测线 8 可见，极乐世界殿台明上表面雷达反射波形态基本类似，经过南门台明时存在明显强反射（C 点），此处地面铺装做法及材质存在区别，地面下方未发现存在明显空洞等缺陷。

由测线 9～测线 14 可见，极乐世界殿室外地面雷达反射波形态相对比较杂乱，多处存在明显强反射（如 D 点～J 点），以上部位存在异常，此异常性质可能是局部疏松所致，存在异常比较明显的部位主要有南侧室外地面的西部，东侧室外地面的北部。

由于地面无法开挖与雷达图像进行比对，解释结果仅作为参考。

3. 振动测试

现场使用 INV9580A 型超低频测振仪、Dasp-V11 数据采集分析软件对结构进行振动测试，测振仪放置在极乐世界殿 7 轴花台梁上，主要测试结果如下表所示；同时测得结构水平最大响应为 0.02 毫米 / 秒。

结构振动测试结果表

方向	自振频率（赫兹）
水平向	1

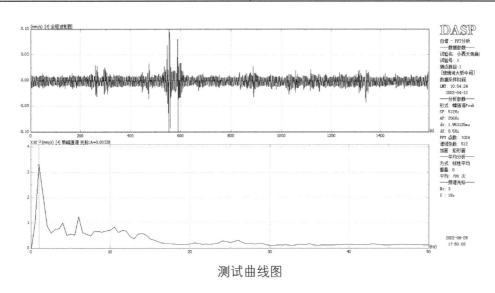

测试曲线图

振动频率与自身质量和刚度等因素有关，其中，建筑平面体型、墙体布置、结构内部损伤等因素会影响结构的刚度。

依据《古建筑防工业振动技术规范》（GB/T 50452-2008），古建筑木结构的水平固有频率为 $f = \dfrac{1}{2\pi H}\lambda_j\phi = \dfrac{1}{2\times3.14\times14.91}\times1.571\times52 = 0.87$，结构水平向的实测频率为 1，比计算值偏大，推测本结构由于为四角攒尖结构，柱子分布密集，梁柱用料较大，结构刚度相对较大，导致结构频率较高。

根据《古建筑防工业振动技术规范》（GB/T 50452-2008），对于全国重点文物保护单位关于木结构顶层柱顶水平容许振动速度最高不能超过 0.18 毫米/秒～0.22 毫米/秒，本结构水平振动速度满足规范的限值要求。

4. 结构外观质量检查

4.1 地基基础

（1）经检查，结构未见因地基不均匀沉降而导致的明显裂缝和变形，建筑的地基基础承载状况基本良好。

（2）经检查，两处阶条石存在松动，部分踏跺、阶条石及陡板石存在明显风化及开裂。地基基础现状见后图。

西北角阶条石存在松动、缝隙

东北角一处阶条石存在松动、缝隙

北侧部分踏跺明显风化

东侧部分陡板石风化

北侧阶条石开裂

西侧阶条石开裂

南侧个别踏跺断裂

南侧阶条石开裂

4.2 上部承重结构

对该房屋上部承重结构具备检查条件的构件进行了检查检测，主要检查结论如下，

（1）木梁架存在的主要缺陷情况有：1）顶部存在明显渗漏痕迹，雷公柱表面明显糟朽；西南角由戗存在明显糟朽；2）梁架中部分檩、枋等构件存在开裂；3）上侧抹角梁及其随梁的铁箍多处出现断裂、缺失；部分吊杆铁钉拔出；抹角梁上侧角背普遍存在缺失。

（2）木柱存在的主要缺陷情况有：4根木柱底部地仗存在明显破损，其中3根木柱底部存在严重糟朽。

上部承重结构现状见后图。

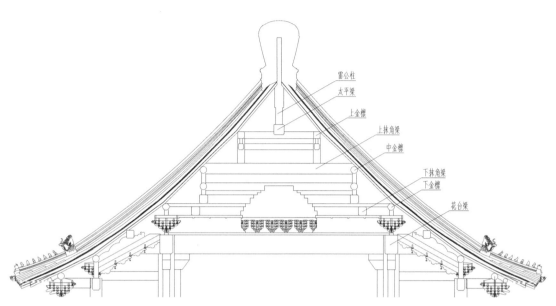

上部梁架主要构件示意图

东侧 7 轴下金檩水平开裂，135 毫米深，16 毫米宽

南侧 D 轴下金檩斜向开裂，155 毫米深，30 毫米宽

东侧中金枋轻微斜向开裂

顶部存在明显渗漏痕迹，雷公柱表面明显糟朽

雷公柱表面明显糟朽

雷公柱下方铺的白纸的渗水痕迹（2019 年未见该白纸）

西侧中金枋斜向开裂，110 毫米深，22 毫米宽

西侧中金檩严重斜向开裂，100 毫米深，20 毫米宽

西侧上金檩水平开裂，20 毫米宽

南侧上金檩严重斜向开裂，15 毫米宽

上侧抹角梁及其随梁的铁箍多处出现断裂、缺失；部分吊杆铁钉拔出；
抹角梁上侧角背普遍存在缺失

北侧中金檩西端劈裂

西南角由戗糟朽，糟朽深度 50 毫米

7-8 轴之间斗拱一处木销存在松动

E-10 轴柱底部地仗破损，轻微糟朽

K-6 轴柱底部地仗破损；底部严重糟朽，深约 200 毫米

K-5 轴柱底部地仗破损；底部轻微糟朽，深约 35 毫米

A-6 轴柱底部地仗破损；底部严重糟朽，深约 200 毫米

西花台梁钢桁架加固现状

东花台梁斜拉杆加固现状

屋架现状

屋架现状

4.3 围护系统

（1）经检查，较多椽条安装不到位，椽间搭接长度不足，下脚垫木块。

（2）经检查，一处天花枝条脱落。

（3）经检查，东南角下檐套兽破损。

（4）经检查，封廊处望板、外檐望板及连檐普遍存在糟朽，局部连檐完全断裂，个别瓦片破碎、缺失。

（5）经检查，屋面普遍长有杂草。

（6）经检查，溜金斗拱后尾普遍存在变形。

（7）经检查，部分天花板松动滑落。

围护结构现状见后图。

下金檩上侧存在较多椽条安装不到位，椽间搭接长度不足，下脚垫木块

上金檩上侧存在较多椽条安装不到位，椽间搭接长度不足，下脚垫木块

F-1/4 轴附近一处天花枝条脱落

东南角下檐套兽破损

东侧外檐望板及连檐普遍存在糟朽

东侧封廊处望板普遍存在糟朽

北侧外檐望板及连檐普遍存在糟朽

北侧封廊处望板普遍存在糟朽

西侧外檐望板及连檐普遍存在糟朽，局部连檐完全断裂，屋面杂草，个别瓦片破碎

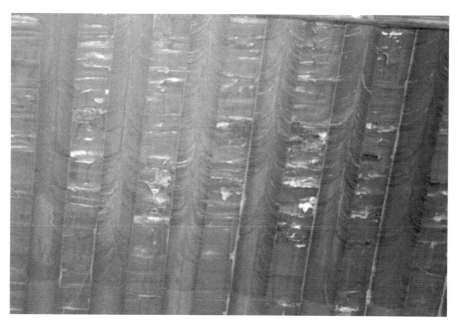

西侧封廊处望板普遍存在糟朽

南侧外檐望板及连檐局部存在糟朽，个别瓦片缺失

东侧上层屋面杂草

东侧下层屋面杂草

北侧上层屋面杂草

北侧下层屋面杂草

西侧上层屋面杂草

西侧下层屋面杂草

南侧下层屋面杂草

溜金斗拱后尾普遍存在变形

部分天花板松动滑落

5. 木材材质状况勘察及树种鉴定

5.1 木材含水率检测结果

现场使用含水率检测仪检测木柱表面的含水率。经检测，极乐世界殿内各柱构件含水率在 1.5%～4.8% 之间，未见明显异常，含水率详细检测数据见下表。

极乐世界殿柱构件含水率检测数据表

序号	位置	柱底处	距柱底 0.3 米处
1	A-1	3.3	2.6
2	A-2	3.0	2.7
3	A-3	3.5	2.9
4	A-4	3.6	2.6
5	A-5	4.8	2.8
6	A-6	3.4	3.4
7	A-7	3.6	2.8
8	A-8	3.2	2.7
9	A-9	3.5	2.7
10	A-10	3.5	3.6
11	B-1	3.4	2.5
12	B-2	4.0	2.6
13	B-3	3.4	2.2
14	B-4	4.2	2.4
15	B-5	3.7	2.6
16	B-6	3.1	2.7
17	B-7	2.8	2.4
18	B-8	2.4	2.0
19	B-9	3.2	3.2
20	B-10	3.7	2.7
21	C-1	3.3	2.8

序号	位置	柱底处	距柱底0.3米处
22	C–2	3.1	2.7
23	C–5	3.0	2.6
24	C–6	3.4	2.4
25	C–7	3.0	3.0
26	C–8	2.6	2.8
27	C–9	2.6	2.8
28	C–10	4.0	2.8
29	D–1	2.0	1.8
30	D–2	3.2	2.9
31	D–8	2.5	2.9
32	D–9	2.6	2.5
33	D–10	4.8	2.9
34	E–1	3.5	1.8
35	E–2	3.0	2.5
36	E–8	2.6	2.6
37	E–9	2.6	2.6
38	E–10	4.5	2.9
39	F–1	3.9	3.2
40	F–2	3.4	3.0
41	F–8	2.6	2.9
42	F–9	3.0	2.6
43	F–10	2.3	3.0
44	G–1	3.5	3.1
45	G–2	3.0	1.5
46	G–9	3.2	2.9
47	G–10	2.5	1.6
48	H–1	2.5	2.3
49	H–2	3.2	1.8

续表

序号	位置	柱底处	距柱底0.3米处
50	H–9	1.8	1.6
51	H–10	3.0	1.8
52	J–1	3.6	1.7
53	J–2	2.1	1.9
54	J–3	3.4	2.7
55	J–4	2.0	2.3
56	J–5	3.5	1.5
57	J–6	2.0	2.0
58	J–7	2.3	2.6
59	J–8	2.5	1.7
60	J–9	2.4	1.6
61	J–10	2.5	1.9
62	K–1	1.8	1.8
63	K–2	2.8	2.4
64	K–3	2.6	2.2
65	K–4	2.6	1.9
66	K–5	2.6	2.0
67	K–6	4.0	2.0
68	K–7	4.0	2.0
69	K–8	2.6	2.0
70	K–9	2.3	1.9
71	K–10	1.9	1.7

5.2 阻力仪检测结果

依据现场木构件外观及含水率等检查结果，选取其中较为典型的立柱进行微钻阻力检测。经检测：极乐世界殿 K–5、K–6 立柱内部存在严重残损，对构件的承重能力会产生显著影响。

极乐世界殿立柱材质状况检测简表

编号	名称	位置	微钻阻力图号	材质状况
a	柱	D-10	20087	该构件内部有长度约 11 毫米的轻微残损
b	柱	K-6	20089、20093	该构件距地面 10 厘米处内部有长度 250 毫米的严重残损、距地面 5 厘米处内部有长度 315 毫米的严重残损
c	柱	K-5	20090	该构件内部有长度 140 毫米的严重残损
d	柱	F-1	20091	该构件内部有长度约 14 毫米的轻微残损

极乐世界殿 D-10 柱处的微钻阻力仪检测结果见后图（图中横坐标画线部分为存在缺陷部位）。检测结果表明，该构件内部有长度约 11 毫米的轻微残损，但残损长度占构件截面的比例较小，截面中心周围尚保持一定强度，不会对构件的承重起到显著影响。

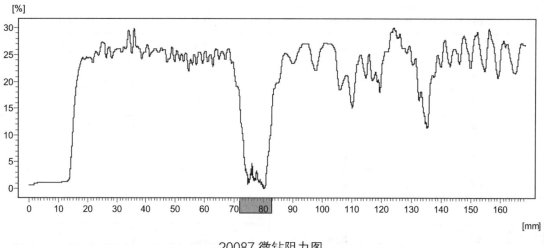

20087 微钻阻力图

极乐世界殿 K-6 柱底部距地面 10 厘米、5 厘米两处的微钻阻力仪检测结果如后图（图中横坐标画线部分为存在缺陷部位）。检测结果表明该构件距地面 10 厘米处内部有长度 250 毫米的严重残损、距地面 5 厘米处内部有长度 315 毫米的严重残损，截面中心周围虽然还保持一定强度，但残损长度占构件直径的比例过半，对构件的承重能力会产生显著影响，后期应进行加固处理。

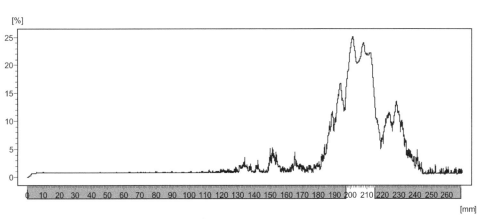

20089 微钻阻力图

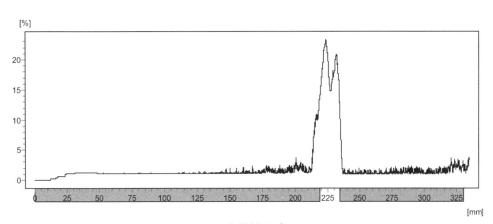

20093 微钻阻力图

极乐世界殿 K-5 柱处的微钻阻力仪检测结果如后图（图中横坐标加粗红线部分为存在缺陷部位）。检测结果表明该构件内部有长度 140 毫米的严重残损，截面中心周围虽然还保持一定强度，但残损长度占构件直径的比例过半，对构件的承重能力会产生显著影响，后期应进行加固处理。

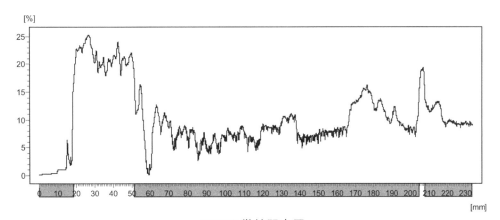

20090 微钻阻力图

极乐世界殿 F-1 柱处的微钻阻力仪检测结果见后图（图中横坐标加粗红线部分为存在缺陷部位）。检测结果表明，该构件内部有长度约 14 毫米的轻微残损，但残损长度占构件截面的比例较小，截面中心周围尚保持一定强度，不会对构件的承重起到显著影响。

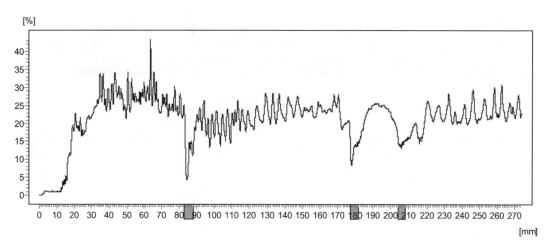

20091 微钻阻力图

5.3 木材树种鉴定

（1）树种分析结果

树种鉴定按照《木材鉴别方法通则》（GB/T 29894-2013），采用宏观和微观识别相结合的方法。首先使用放大镜观察木材宏观特征，初步判定或区分树种；继而，在光学显微镜下观察木材的微观解剖特征，进一步判定和区分树种；最后，与正确定名的木材标本和光学显微切片进行比对，确定木材名称。经鉴定，取样木材分别为硬木松（*Pinus* sp.）、落叶松（*Larix* sp.）、柏木（*Cupressus* sp.）、楠木（*Phoebe* sp.）和软木松（*Pinus* sp.），详细结果列表如下：

木材分析结果表

编号	构件位置及名称	树种名称	拉丁名
1	极乐世界殿 D-10 柱	硬木松	*Pinus* sp.
2	极乐世界殿天花梁 1/F-5-6	楠木	*Phoebe* sp.
3	极乐世界殿东南抹角梁随梁	落叶松	*Larix* sp.
4	极乐世界殿东侧椽条	柏木	*Cupressus* sp.

编号	构件位置及名称	树种名称	拉丁名
5	极乐世界殿南侧下金枋	落叶松	*Larix* sp.
6	极乐世界殿西侧中金枋	楠木	*Phoebe* sp.
7	极乐世界殿东南角由戗	落叶松	*Larix* sp.
8	极乐世界殿西侧中金檩	落叶松	*Larix* sp.
9	极乐世界殿南侧下金檩	软木松	*Pinus* sp.

（2）树种介绍、参考产地、显微照片及物理力学性质

硬木松（拉丁名：*Pinus* sp.）

木材解剖特征：

生长轮甚明显，早材至晚材急变。早材管胞横切面为方形及长方形，径壁具缘纹孔通常1列，圆形及椭圆形；晚材管胞横切面为长方形、方形及多边形，径壁具缘纹孔1列、形小、圆形。轴向薄壁组织缺如。木射线单列和纺锤形两类，单列射线通常3个～8个细胞高；纺锤射线具径向树脂道，近道上下方射线细胞2列～3列，射线管胞存在于上述两类射线中，位于上下边缘1列～2列。上下壁具深锯齿状或犬牙状加厚，具缘纹孔明显、形小。射线薄壁细胞与早材管胞间交叉场纹孔式为窗格状1个～2个，通常为1个，具轴向和横向树脂道，树脂道泌脂细胞壁薄，常含拟侵填体，径向树脂道比轴向树脂道小得多。

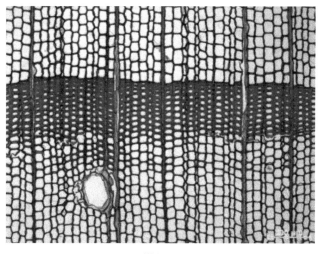

横切面

51

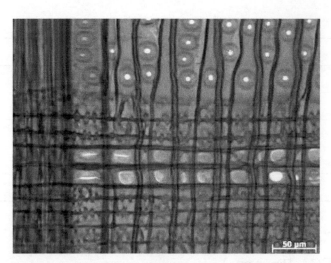

径切面

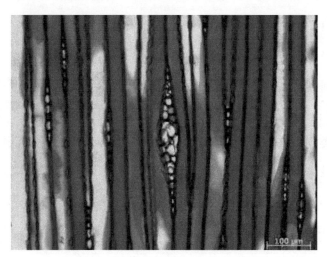

弦切面

树木及分布：

以油松为例：大乔木，高可达 25 米，胸径 2 米。分布在东北、内蒙古、西南、西北及黄河中下游。

木材加工、工艺性质：

纹理直或斜，结构粗或较粗，较不均匀，早材至晚材急变，干燥较快，板材气干时会产生翘裂；有一定的天然耐腐性，防腐处理容易。

木材利用：

可用作建筑、运动器械等。参考马尾松（马尾松：适于做造纸及人造丝的原料。过去福建马尾造船厂使用马尾松做货轮的船壳与龙骨等。目前大量用于包装工业以代替红

松，经脱脂处理后质量更佳。原木或原条经防腐处理后，最适于做坑木、电杆、枕木、木桩等，并为工厂、仓库、桥梁、船坞等重型结构的原料。房屋建筑上如用作房架、柱子、搁栅、地板和里层地板、墙板等，应用室内防腐剂进行防腐处理，否则易受白蚁和腐木菌危害。通常用作卡车、电池隔电板、木桶、箱盒、橱柜、板条箱、农具及日常用具。运动器械方面有跳箱、篮球架等。原木适于做次等胶合板，南方多做火柴杆、盒）。

参考用物理力学性质（参考地——湖南莽山）：

中文名称	密度（g/cm³）		干缩系数（%）			抗弯强度（兆帕）	抗弯弹性模量（MPa）	顺纹抗压强度（MPa）	冲击韧性（kJ/m²）	硬度（MPa）		
	基本	气干	径向	弦向	体积					端面	径面	弦面
马尾松	0.510	0.592	0.187	0.327	0.543	77.843	11.765	36.176	44.394	41.373	31.569	35.294

楠木（拉丁名：*Phoebe* sp.）

木材解剖特征：

生长轮明显，散孔材。导管横切面为圆形及卵圆形，单管孔及径列复管孔2个～3个，管孔团偶见，具侵填体；单穿孔，稀复穿孔梯状。管间纹孔式互列，多角形。轴向薄壁组织量少，环管状，稀呈环管束状，并具星散状，油细胞或黏液细胞甚多。木纤维壁薄，单纹孔略有狭缘，数量多，具分隔木纤维。木射线非叠生；木射线单列者极少，多列射线宽2个～3个细胞，高10个～20个细胞。射线组织异形Ⅲ及Ⅱ型；内含晶体，油细胞及黏液细胞数多。导管—射线间纹孔式为刻痕状、大圆形或似管间纹孔式。

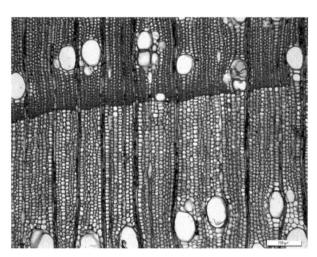

横切面

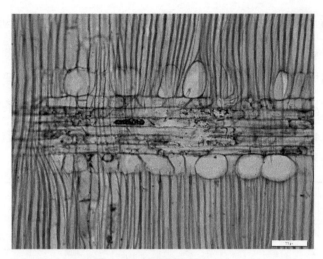

径切面

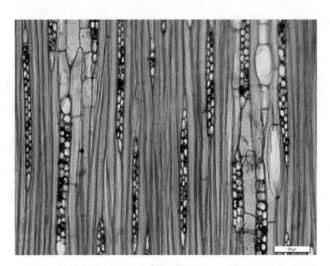

弦切面

树木及分布：

楠木属约 94 种，我国约 34 种；现以桢楠为例，大乔木，高可达 40 米，胸径达 1 米，树皮浅灰黄或浅灰褐色，平滑，具有明显的褐色皮孔，分布在四川、贵州和湖北。

木材加工、工艺性质：

干燥情况颇佳，微有翘裂现象；干后尺寸稳定；性耐腐；切削容易，切面光滑，有光泽，板面美观；胶黏亦易；握钉力颇佳。

木材利用：

本种木材最为四川群众所喜用，其评价为该省所有阔叶树材之冠。由于结构细致，材色淡雅均匀，光泽性强，油漆性能良好，胀缩性小，为高级家具、地板、木床、胶合板及装饰材料，四川曾普遍用作钢琴壳、仪器箱盒、收音机木壳、木质电话机、文具、测尺、机模、漆器木胎、橱、柜、桌、椅、木床等。木材强度适中，能耐腐，又是做门、窗、扶手、柱子、屋顶、房架及其他室内装修、枕木、内河船壳、车厢等的良材。

参考用物理力学性质（参考地——四川峨眉）：

中文名称	密度（g/cm³）		干缩系数（%）			抗弯强度（MPa）	抗弯弹性模量（GPa）	顺纹抗压强度（MPa）	冲击韧性（kJ/m²）	硬度（MPa）		
	基本	气干	径向	弦向	体积					端面	径面	弦面
桢楠	—	0.610	0.169	0.248	0.433	79.200	9.905	39.500	58.300	44.600	40.000	42.200

落叶松（拉丁名：*Larix* sp.）

木材解剖特征：

生长轮明显，早材至晚材急变。早材管胞横切面为长方形，径壁具缘纹孔1列～2列（2列甚多）；晚材管胞横切面为方形及长方形，径壁具缘纹孔1列。轴向薄壁组织偶见。木射线具单列和纺锤形两类：①单列射线高1个～34个细胞，多数7个～20个细胞。②纺锤射线具径向树脂道。射线管胞存在于上述两类射线的上下边缘及中部，内壁锯齿未见，外缘波浪形。射线薄壁细胞水平壁厚。射线细胞与早材管胞间交叉场纹孔式为云杉型，少数杉木型，通常4个～6个。树脂道轴向者大于径向，泌脂细胞壁厚。

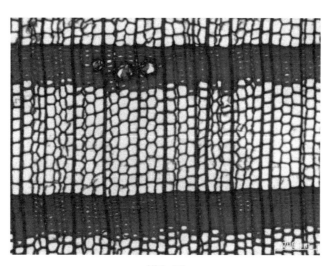

横切面

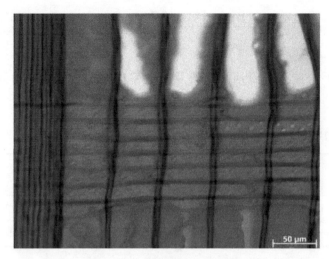

径切面

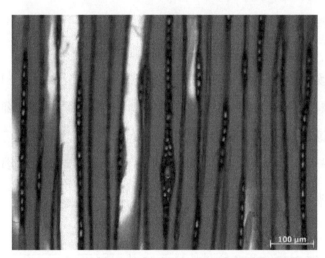

弦切面

树木及分布：

以落叶松为例：大乔木，高可达 35 米，胸径 90 厘米。分布在东北、内蒙古、山西、河北、新疆等。

木材加工、工艺性质：

干燥较慢，且易开裂和劈裂；早晚材性质差别大，干燥时常有沿年轮交界处轮裂现象；耐腐性强（但立木腐朽极严重），是针叶树材中耐腐性最强的树种之一，抗蚁性弱，能抗海生钻木动物危害，防腐浸注处理最难；多油眼；早晚材硬度相差很大，横向切削困难，但纵面颇光滑；油漆后光亮性好；胶粘性质中等；握钉力强，易劈裂。

木材利用：

因强度和耐腐性在针叶树材中均属较大，原木或原条比红杉类更适宜做坑木、枕木、电杆、木桩、篱柱、桥梁及柱子等。板材做房架、径锯地板、木槽、木梯、船舶、跳板、车梁、包装箱。亦可用于硫酸盐法制纸，幼龄材适于造纸。树皮可以浸提单宁。

参考用物理力学性质（参考地——东北小兴安岭）：

中文名称	密度（g/cm³）		干缩系数（%）			抗弯强度（MPa）	抗弯弹性模量（GPa）	顺纹抗压强度（MPa）	冲击韧性（kJ/m²）	硬度（MPa）		
	基本	气干	径向	弦向	体积					端面	径面	弦面
落叶松	—	0.641	0.169	0.398	0.588	111.078	14.216	56.471	48.020	36.961	—	—

柏木（拉丁名：*Cupressus* sp.）

木材解剖特征：

生长轮明显，早材至晚材渐变。早材管胞横切面为圆形及多边形；径壁具缘纹孔 1 列，圆形及卵圆形；晚材管胞横切面为长方形及多边形；径壁具缘纹孔 1 列，圆形及卵圆形。轴向薄壁组织在放大镜下可见，星散状及呈短弦列，少数带状。木射线单列，稀 2 列，高 1 个～26 个（多 5 个～20 个）细胞。射线细胞水平壁薄，纹孔甚少，不明显；端壁节状加厚不明显；凹痕明显。射线薄壁细胞与早材管胞间交叉场纹孔式为柏木型，1 个～6 个（通常 2 个～4 个）。

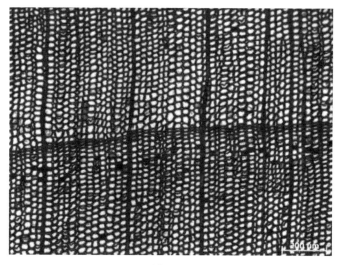

横切面

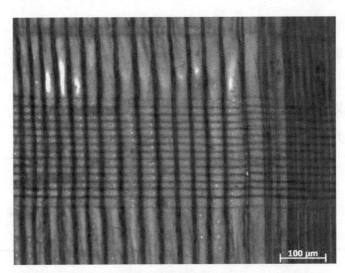

径切面

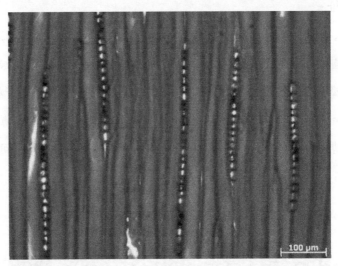

弦切面

树木及分布：

乔木，高可达 30 米，胸径 2 米。产于长江流域及以南温暖地区。

木材加工、工艺性质：

结构中而匀；重量及硬度中至大；强度及冲击韧性中；干燥较慢，不注意可能产生翘曲；耐腐性及抗蚁性均强；切削容易，切面光滑；耐磨损，握钉力大。

木材利用：

原木可用于檩、柱、格栅、木桩、枕木、电杆等，板材则适用于造船、房架、地板及其他室内装修等。

物理力学性质（参考地——四川重庆）：

中文名称	密度（g/cm³）		干缩系数（%）			抗弯强度（MPa）	抗弯弹性模量（GPa）	顺纹抗压强度（MPa）	冲击韧性（kJ/m²）	硬度（MPa）		
	基本	气干	径向	弦向	体积					端面	径面	弦面
柏木	—	0.600	0.172	0.180	0.320	98.600	10.003	53.300	44.900	58.300	41.700	42.700

软木松（拉丁名：*Pinus* sp.）

木材解剖特征：

生长轮略明显，早材至晚材渐变。早材管胞横切面为方形、长方形及多边形；晚材为长方形及方形，径壁具缘纹孔 1 列（极少 2 列），轴向薄壁组织缺如。木射线具单列及纺锤形两类；单列射线高 1 个～18 个细胞，多数 4 个～12 个细胞。纺锤射线具径向树脂道，射线管胞存在于上述两类射线中，内壁微锯齿。射线薄壁细胞与早材管胞交叉场纹孔式为窗格状或松木型 1 个～3 个（多数 2 个）。树脂道轴向者大于径向，泌脂细胞壁薄。

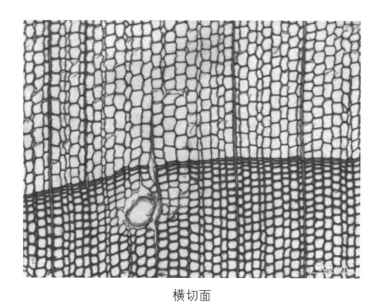

横切面

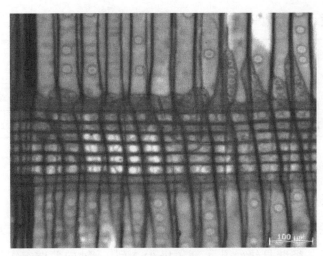

径切面

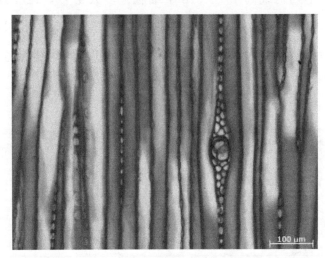

弦切面

树木及分布：

以华山松为例：大乔木，高可达 30 米。分布在东北、西南、西北及黄河中下游、长江中下游。

木材加工、工艺性质：

纹理直，结构中至粗，较均匀，干燥容易，不易开裂和变形；尺寸稳定性中等，木材耐腐，抗蚁性弱。

木材利用：

适合多种用途，系建筑和包装良材。树木高大，适于做建筑用材，如屋顶、柱子、里层地板、房架、门、窗、墙板及其他室内装修等；轻而软，易加工，适于制作箱盒、板条箱、弹药及军用品包装箱；兼之尺寸颇稳定，可做绘图板、木尺、船舰甲板、船桅、船舱用料、车厢，风琴的键盘、音板和簧风口，纺织卷筒和扣框，机模及水泥盒子板等。原木或原条可做电杆、枕木、造纸原料。也可制作一般家具，鞋楦，火柴杆、盒，包装木丝，蓄电池隔电板，运动器械等。由于软木松类的木材在我国是建筑及包装良材，供不应求，故从合理用材和企业经济效益着眼，该类松木不宜用作胶合板原料，因为上等原料只能出次等或一般产品。枝、梢、小径材为上等燃料及纤维板原料。松子可食，所以在云南俗称"吃松"。

参考用物理力学性质（参考地——湖北建始）：

中文名称	密度（g/cm³）		干缩系数（%）			抗弯强度（MPa）	抗弯弹性模量（GPa）	顺纹抗压强度（MPa）	冲击韧性（kJ/m²）	硬度（MPa）		
	基本	气干	径向	弦向	体积					端面	径面	弦面
华山松	—	0.475	0.142	0.344	0.509	78.200	11.082	40.100	45.864	25.784	18.235	19.804

6. 构件变形测量

6.1　木柱局部倾斜测量

现场采用全站仪等测量部分木柱的倾斜程度，测量高度为 3000 毫米，测量结果见下表和图。表中"—"表示现场不具备测量条件，无法取得倾斜量数据；"/"表示仅单侧取得测量数据。图中对柱构件上部倾斜量数值进行了标注，数字的位置表示柱上端倾斜的方向。其中，受现场条件制约，部分木柱仅可进行单侧测量，参照类似木柱的收分情况进行计算。

依据北京市地方标准《古建筑结构安全性鉴定技术规范 第 1 部分：木结构》（DB11/T 1190.1–2015）附录 D 进行判定，规范中规定最大相对位移 $\triangle \leqslant H/100$（测量高度 H 为 3000 毫米时，H/100 为 30 毫米）且 $\triangle \leqslant 80$ 毫米。

根据测量结果，所抽检木柱中有 7 根木柱的倾斜值不符合规范限值要求。

古建常规做法中，外檐柱一般均设置侧脚，使柱上端向内侧略倾斜。目前倾斜值超限的 6 根檐柱倾斜趋势基本正常，向内侧倾斜，对结构的整体稳定性有利。

仅 F-8 轴金柱上端向北侧倾斜 40 毫米，鉴于未发现由倾斜引起的其他损坏现象，可暂不进行处理。

极乐世界殿木柱倾斜量现场检测数据表

序号	柱号	倾斜方向及倾斜量（毫米）			
		东	西	南	北
1	A-1		3	3	
2	A-2	3			10
3	A-3		6		10
4	A-4		5		26
5	A-5		3		20
6	A-6	11			26
7	A-7	10			6
8	A-8	0	0		6
9	A-9		2		12
10	A-10		9	7	
11	B-1	4		11	
12	B-2		3		26
13	B-3		8	/	18
14	B-4	4		/	32
15	B-5	4		1	
16	B-6	12			9
17	B-7	7			1
18	B-8	3		3	
19	B-9		14		11
20	B-10		9	5	
21	C-1	14			1
22	C-2	/	17		8
23	C-3		10	10	
24	C-4	—	—	—	—
25	C-5		16	13	/
26	C-6	16		18	/
27	C-7	23		/	10
28	C-8	19		15	

续表

序号	柱号	倾斜方向及倾斜量（毫米）			
		东	西	南	北
29	C-9	4		1	
30	C-10		19	14	
31	D-1	25		5	
32	D-2	45	/		2
33	D-3	24			11
34	D-4	—	—	—	—
35	D-7	—	—	—	—
36	D-8		23	26	
37	D-9		31	0	0
38	D-10		12	8	
39	E-1	22			24
40	E-2	14	/		7
41	E-3		9		14
42	E-8	22		24	
43	E-9	1		3	
44	E-10		17	10	
45	F-1		14		14
46	F-2	4	/		3
47	F-3	—	—	—	—
48	F-8	0	0		40
49	F-9	10			4
50	F-10		13	2	
51	G-1	12			26
52	G-2	13	/		17
53	G-3	—	—	—	—
54	G-4	—	—	—	—
55	G-7	—	—	—	—
56	G-8	—	—	—	—
57	G-9		17		4
58	G-10		41	5	

序号	柱号	倾斜方向及倾斜量（毫米）			
		东	西	南	北
59	H-1	15			32
60	H-2	2			27
61	H-3		7		26
62	H-4	—	—	—	—
63	H-5	—	—	—	—
64	H-6	—	—	—	—
65	H-7		13		26
66	H-8	3			23
67	H-9		18		9
68	H-10		24		12
69	J-1	23			8
70	J-2	19			19
71	J-3		14	1	
72	J-4	4		19	
73	J-5	3		19	
74	J-6		8	3	
75	J-7		9		3
76	J-8		6		16
77	J-9		11		10
78	J-10	0	0		7
79	K-1	25		16	
80	K-2	21		23	
81	K-3	7		6	
82	K-4		9	30	
83	K-5		11	53	
84	K-6		1	10	
85	K-7	11		20	
86	K-8		2		2
87	K-9		15	22	
88	K-10		40	6	

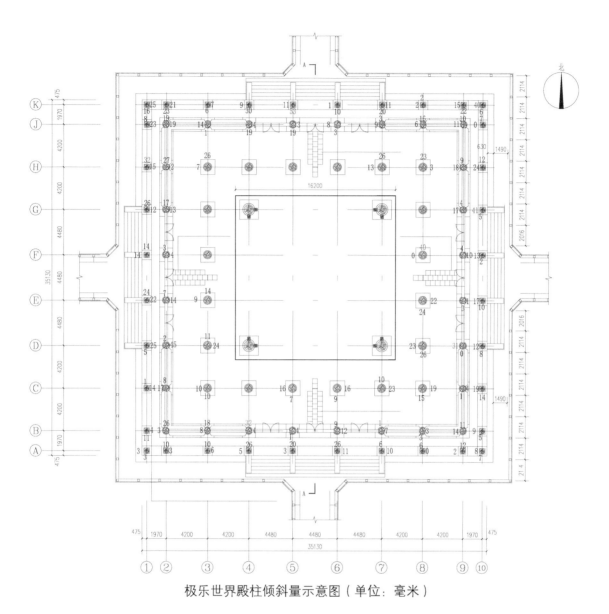

极乐世界殿柱倾斜量示意图（单位：毫米）

6.2 花台梁挠度测量

采用全站仪及激光测距仪测量花台梁梁底挠度，测量结果包含梁底下方彩画油饰。花台梁计算跨度 13.44 米。测量结果见下表。

花台梁挠度测量结果表

测量结果	南花台梁	北花台梁	东花台梁	西花台梁
本次实测下挠值（毫米）	46.5	59.5	86	97
本次实测挠度值	1/286	1/227	1/156	1/139

续表

测量结果	南花台梁	北花台梁	东花台梁	西花台梁
2013 年挠度测量值	1/370	1/278	1/161	1/120
变化趋势	变大	变大	变大	变小
规范限值	1/150	1/150	1/150	1/150

测量结果表明：

（1）西花台梁挠度最大，超过规范限值要求；其余花台梁挠度满足规范要求。

（2）与 2013 年挠度测量结果进行比对，南、北、东花台梁的挠度均有所增加；西花台梁的挠度变小，原因可能为西花台梁加固之后，上部全部荷载由钢桁架承担，下方花台梁不再受力，花台梁变形有所恢复。经检查，后加钢桁架承载状况正常，未见明显变形及锈蚀，西花台梁暂时不用采取处理措施。

7. 台基相对高差测量

现场对柱础石上表面及外侧阶条石上表面的相对高差进行了测量，高差分布情况测量结果见后图。

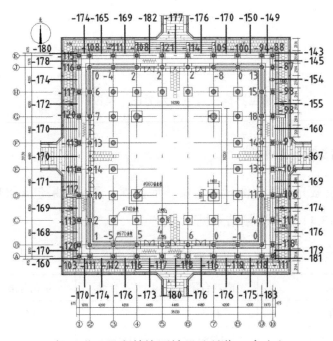

极乐世界殿高差检测结果（单位：毫米）

图中最外圈标注为极乐世界殿台明阶条石上表面的相对高度测量值，图中次外圈标注为极乐世界殿檐柱柱础上表面的相对高度测量值，图中最内圈标注为极乐世界殿金柱柱础上表面的相对高度测量值。

测量结果表明：

（1）极乐世界殿台明阶条石上表面存在一定高差，相对高度最低处为 –183 毫米，位于建筑东南角处；相对高度最高处为 –143 毫米，位于建筑东北角处；最低处与最高处相差 40 毫米。

（2）极乐世界殿檐柱柱础上表面存在一定高差，相对高度最低处为 K–5 柱柱础上表面，为 –121 毫米；相对高度最高处为 J–10 柱柱础上表面，为 –87 毫米；最低处与最高处相差 34 毫米。

（3）极乐世界殿金柱柱础上表面存在一定高差，相对高度最低处为 J–7 柱柱础上表面，为 –8 毫米；相对高度最高处为 G–9 柱柱础上表面，为 –18 毫米；最低处与最高处相差 26 毫米。

由于结构初期可能存在施工偏差，此部分高差不完全是地基的沉降差，鉴于目前未发现结构存在因地基不均匀沉降而导致的墙体开裂等明显损坏现象，可暂不进行处理。

8. 结构安全性鉴定

8.1　评定方法和原则

根据《古建筑结构安全性鉴定技术规范　第 1 部分：木结构》（DB11/T 1190.1–2015），古建筑安全性鉴定分为构件、子单元、鉴定单元 3 个项目。首先根据构件各项目检查结果，判定单个构件安全性等级，然后根据子单元各项目检查结果及各种构件的安全性等级，判定子单元安全性等级，最后根据各子单元的安全性等级，判定鉴定单元安全性等级。

本次鉴定将委托鉴定的文物建筑列为一个鉴定单元，每个鉴定单元分为地基基础、上部承重结构及围护系统三个子单元，分别对其安全性进行评定。

8.2 子单元安全性鉴定评级

地基基础安全性评定

经检查，未发现地基基础存在影响上部结构安全的不均匀沉降裂缝和明显变形，因此，本鉴定单元地基基础的安全性评为 A_u 级。

上部承重结构安全性评定

（1）构件的安全性鉴定

木构件的安全性等级判定，应按承载能力、构造、不适于继续承载的位移（或变形）、裂缝、腐朽、虫蛀、天然缺陷、历次加固现状等检查项目，分别判定每一受检构件的等级，并取其中最低一级作为该构件的安全性等级。

1）木柱安全性评定

K–6 柱存在表层腐朽， $\rho > 1/5$；K–5 柱同时存在心腐及表层腐朽， $\rho > 1/7$；A–6 柱存在表层腐朽， $\rho > 1/5$；以上木柱经承载力验算，承载力满足规范要求，以上 3 根木柱均评为 c_u 级；2 根木柱存在轻微糟朽，评为 c_u 级；其余柱构件未发现存在明显变形、裂缝及腐朽等缺陷，评为 a_u 级。

木柱承载力计算参数及计算过程如下：

依据《古建筑结构安全性鉴定技术规范 第 1 部分：木结构》（DB11/T 1190.1–2015）及《木结构设计规范》（GB 50005–2003）对一层残损檐柱进行承载力验算。本建筑为全国重点文物保护单位，结构重要性系数为 1.1，木材设计强度和弹性模量并乘以结构重要性系数 0.9。

经检测，出现残损的檐柱尺寸均为 360 毫米长、360 毫米宽，檐柱结构简图见后图。根据相关修缮图纸，极乐世界殿屋顶分层做法从上到下依次为：琉璃筒瓦—30 毫米灰背—60 毫米泥背—20 毫米护板灰—20 毫米望板，根据上述构造计算屋顶自重荷载约 3.5 kN/m^2，按不上人屋面活荷载取 0.5kN/m^2，考虑屋面坡度约为 1.15。依据树种鉴定结果，檐柱为硬木松，依据《木结构设计规范》（GB 50005–2003），材料强度等级取 TC13B。可求出传到木柱上的最大竖向荷载为 36kN。分别对木柱的强度及稳定性进行验算，经计算，各木柱抗力与荷载效应之比 $R/\gamma_0 S \geq 1.00$。

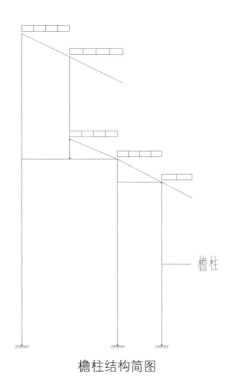

檐柱结构简图

木柱静载承载力计算结果表

序号	构件轴号	ρ	强度验算 N/mm^2	稳定验算 N/mm^2	规范限值 N/mm^2	结论
1	K-5	0.70	1.2	2.6	9.0	满足
2	K-6	0.15	0.4	0.9	9.0	满足
3	A-6	0.30	0.5	1.1	9.0	满足

2）木梁架中构件安全性评定

1根雷公柱及1根由戗存在明显糟朽，2根檩存在严重开裂，以上构件评为 c_u 级；5根檩、枋等构件存在开裂，评为 b_u 级。

经统计评定，评定上部承重结构各构件的安全性等级为 B_u 级。

3）西花台梁钢桁架构件安全性评定

后加西花台梁钢桁架及东花台梁斜拉杆承载状况正常，未见明显变形及锈蚀；经计算，钢桁架梁抗力与荷载效应之比 $R/\gamma_0 S \geq 1.00$，评为 A_u 级。

钢桁架结构分析基本参数如下：由钢桁架承担上部全部荷载，下方花台梁不受力。构件材料强度按 Q235 取值。屋面恒荷载根据实际布置情况取 3.5kN/m^2，屋面活荷载取 0.5kN/m^2。钢桁架结构简图和计算结果见后图。

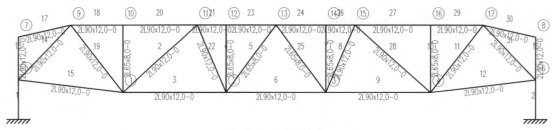

钢桁架结构简图

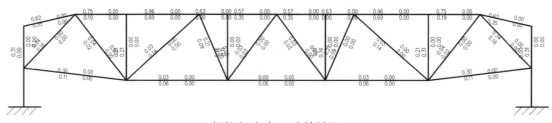

钢桁架应力比计算结果

（2）结构整体性安全性评定

1）整体倾斜安全性评定

经测量，结构未发现存在明显整体倾斜，评为 B_u 级。

2）局部倾斜安全性评定

经测量，本结构所抽检木柱有 7 根倾斜值不符合规范限值要求，基本符合古建常规做法，评为 B_u 级。

3）构件间的联系安全性评定

纵向连枋及其联系构件未发现存在明显松动，构架间的联系综合评为 A_u 级。

4）梁柱间的联系安全性评定

梁柱间节点未发现存在明显拔榫现象，梁柱间的联系综合评定为 A_u 级。

5）榫卯完好程度安全性评定

榫卯材质基本完好，榫卯完好程度综合评定为 A_u 级。

综合评定该单元上部承重结构整体性的安全性等级为 B_u 级。

综上，上部承重结构的安全性等级评定为 B_u 级。

围护系统安全性评定

围护系统主要包括自承重墙体、屋面等构件。

（1）砖墙安全性评定

砖墙安全性等级判定，应按风化、倾斜、裂缝 3 个项目检查，分别判定每一受检构件的等级，并取其中最低一级作为该构件的安全性等级。

经检测，砖墙未发现存在明显开裂、变形等缺陷；该项目评定为 A_u 级；

（2）屋面安全性评定

屋面的安全性等级判定，应分别检查望板、灰泥背、瓦面、屋脊。

经检查，下部封廊处望板、外檐望板及连檐普遍存在糟朽；屋面内上、下金檩上侧存在较多椽条安装不到位，椽间搭接长度不足，下脚垫木块，对望板的支撑存在不利影响，望板项目评定为 B_u 级。

经检查，个别瓦片破碎、缺失，瓦面项目评定为 B_u 级。

经检查，屋脊顶部及下檐四周存在渗漏点，屋脊项目评定为 B_u 级。

综合评定该单元围护系统的安全性等级为 B_u 级。

8.3　鉴定单元的鉴定评级

综合上述，根据《古建筑结构安全性鉴定技术规范 第1部分：木结构》（DB11/T 1190.1–2015），鉴定单元的安全性等级评为 B_{su} 级，安全性略低于本标准对 A_{su} 级的要求，尚不显著影响整体承载。

9. 处理建议

（1）建议对存在风化开裂的踏跺、阶条石及陡板石进行修复处理，对存在松动的阶条石进行归安或对裂隙进行修补。

（2）建议对存在糟朽的木梁、木柱等构件进行修复加固处理。

（3）建议对开裂程度相对较大的木构件进行修复加固处理。

（4）建议对存在断裂、缺失的铁箍进行恢复，对有铁钉拔出的吊杆进行恢复。

（5）建议补配缺失的抹角梁角背。

（6）建议对安装不到位、搭接长度不足的椽条进行修复加固处理。

（7）建议对脱落的天花枝条、松动滑落的天花板以及存在变形的斗拱进行修复处理。

（8）建议对存在糟朽的望板、连檐进行修复处理，对存在断裂的连檐应及时进行修复处理，以防瓦片掉落伤人。

（9）建议清理屋面杂草，并对存在渗漏的瓦面进行修复处理。

（10）花台梁是上层檐结构最重要的承重构件，鉴于各花台梁的挠度仍存在变化，建议对各花台梁的挠度进行定期观测，如挠度进一步发展并超过相关规范限值，应及时进行加固处理。

（11）对该文物建筑涉及的结构修缮加固，建议委托具有资质的单位进行修缮加固设计，确保安全。

第四章　东北角亭结构安全检测鉴定

1. 建筑概况

1.1　建筑简况

东北角亭为重檐四角攒尖方亭建筑，面阔三间，进深三间。青琉璃瓦心，绿琉璃镶边。建筑台明长宽均为 35.13 米。建筑宝顶顶点标高 11.72 米。

角亭外围一圈檐柱，里围一圈金柱。檐柱直径 335 毫米，金柱直径 420 毫米。檐柱高 4.54 米，金柱高 7.33 米。角亭明间面阔 4.51 米，次间 1.31 米，通面阔 7.13 米。

角亭上下层檐斗拱层均采用五踩斗拱，上层构架采用抹角梁支撑的做法。

1.2　现状立面照片

东北角亭南立面

73

东北角亭北立面

东北角亭西立面

东北角亭东立面

1.3 建筑测绘图纸

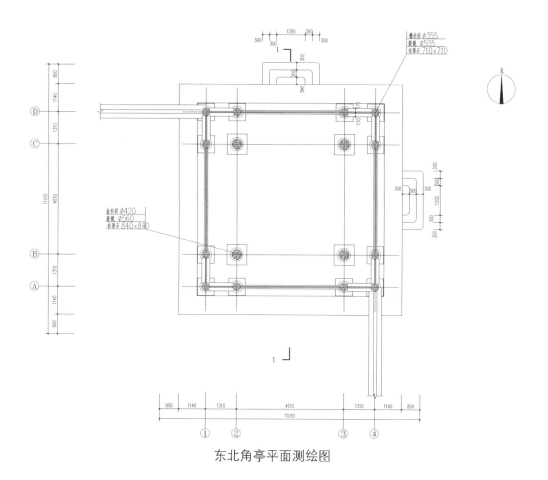

东北角亭平面测绘图

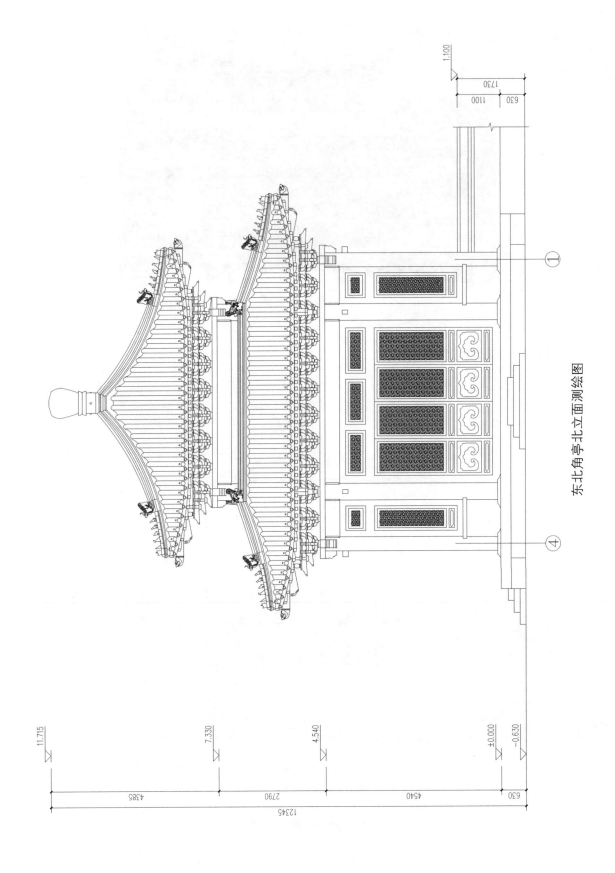

东北角亭北立面测绘图

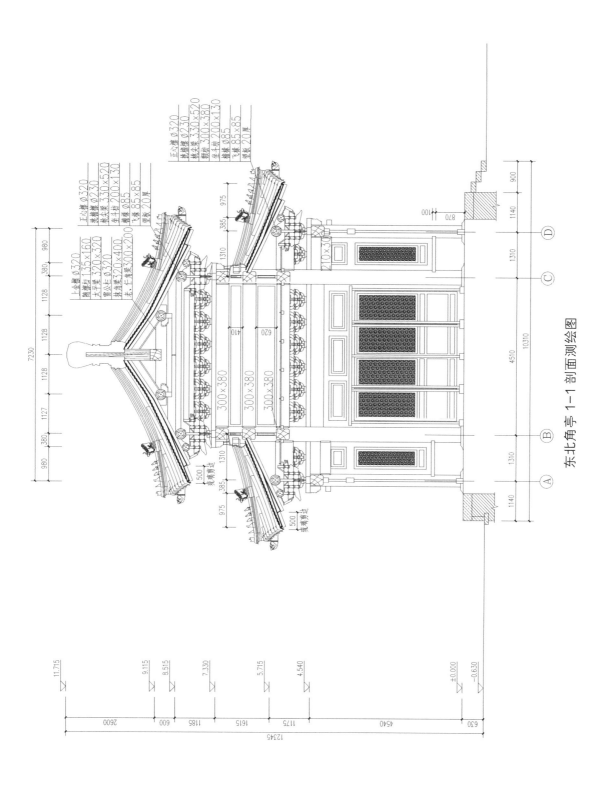

东北角亭 1-1 剖面测绘图

2. 地基基础雷达探查

采用地质雷达对结构地基基础进行探查。雷达天线频率为 300 兆赫，测试深度约为 1.5 米，雷达测线见示意图，详细测试结果见后图。

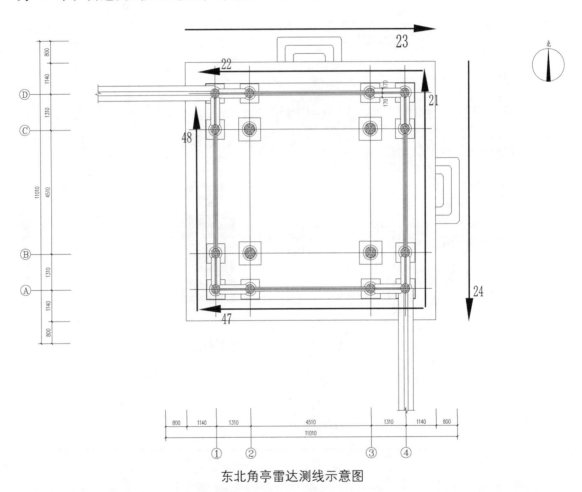

东北角亭雷达测线示意图

测线 21（东北角亭东侧室外台明）

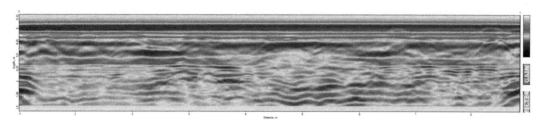

测线 22（东北角亭北侧室外台明）

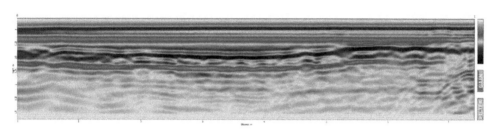

测线 47（东北角亭南侧室外台明）

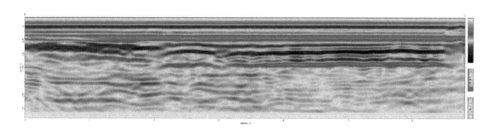

测线 48（东北角亭西侧室外台明）

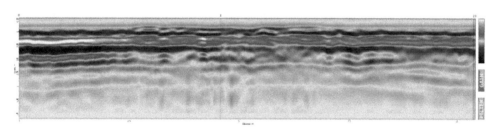

测线 23（东北角亭北侧室外地面）

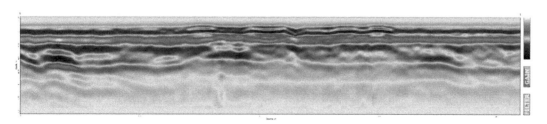

测线 24（东北角亭东侧室外地面）

由台明测线 21、22、47、48 可见，东北角亭台明上表面雷达反射波形态基本类似，相对比较杂乱，如北侧台明及西侧台明，表明下方材质不够均匀，但未发现存在明显空洞等缺陷。

由室外地面测线 23、24 可见，东北角亭室外地面雷达反射波基本平直，室外地面下方均未发现存在明显空洞等缺陷。

由于地面无法开挖与雷达图像进行比对，解释结果仅作为参考。

3. 振动测试

现场使用 INV9580A 型超低频测振仪、Dasp-V11 数据采集分析软件对结构进行振动测试，测振仪放置在东北角亭 3 轴额枋上，主要测试结果如下表所示；同时测得结构水平最大响应为 0.04 毫米 / 秒。

结构振动测试结果表

方向	自振频率（赫兹）
水平向	1.5

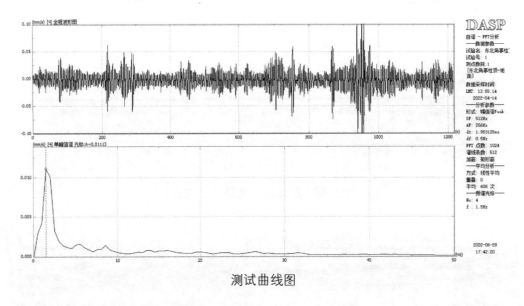

测试曲线图

振动频率与自身质量和刚度等因素有关，其中，建筑平面体型、墙体布置、结构内部损伤等因素会影响结构的刚度。

依据《古建筑防工业振动技术规范》（ GB/T 50452-2008 ），古建筑木结构的水平固

有频率为 $f = \dfrac{1}{2\pi H}\lambda_j\phi = \dfrac{1}{2\times 3.14\times 7.33}\times 1.875\times 52 = 2.11$，结构水平向的实测频率为 1.5，比计算值偏小，结构形式完全一致的西南角亭和西北角亭实测频率均为 2，表明此结构整体刚度相对较低，局部可能存在损伤。

根据《古建筑防工业振动技术规范》（GB/T 50452-2008），对于全国重点文物保护单位关于木结构顶层柱顶水平容许振动速度最高不能超过 0.18 毫米 / 秒～0.22 毫米 / 秒，本结构水平振动速度满足规范的限值要求。

4. 结构外观质量检查

4.1 地基基础

（1）经检查，结构未见因地基不均匀沉降而导致的明显裂缝和变形，建筑的地基基础承载状况基本良好。

（2）经检查，个别陡板石开裂掉角。

地基基础现状见后图。

东北角处个别陡板石开裂掉角

北侧台阶现状

4.2　上部承重结构

对该房屋上部承重结构具备检查条件的构件进行了检查检测，主要检查结论如下，

（1）木梁架存在的主要缺陷情况有：1）花台梁及其随梁普遍存在开裂；2）北侧承椽枋东端明显拔榫。

（2）木柱未发现存在明显缺陷。

上部承重结构现状见后图。

西侧花台梁斜向开裂，30 毫米宽

西侧花台梁随梁水平开裂，15 毫米宽

北侧花台梁斜向开裂，25 毫米宽

北侧花台梁随梁水平开裂，15 毫米宽

东侧花台梁斜向开裂，20 毫米宽

东侧花台梁随梁斜向开裂，20 毫米宽

南侧花台梁随梁斜向开裂，20 毫米宽

北侧承椽枋东端明显拔榫，拔榫长度 40 毫米

屋架现状

屋架现状

4.3　围护系统

（1）经检查，屋面瓦片局部破碎、掉落。

（2）经检查，北侧下方屋檐连檐局部明显糟朽。

（3）经检查，东侧下方屋面长有杂草。

围护结构现状见后图。

西侧下方屋面局部瓦片破碎

北侧下方屋面一处勾头掉落

北侧下方屋檐连檐中间明显糟朽

东侧下方屋面长有杂草

5. 木材材质状况勘察及树种鉴定

5.1　木材含水率检测结果

现场使用含水率检测仪检测木柱表面的含水率。经检测，东北角亭内各柱构件含水率在 1.6%—3.1% 之间，未见明显异常，含水率详细检测数据见下表。

东北角亭柱构件含水率检测数据表

序号	位置	柱底处	距柱底0.3m处
1	A-1	2.1	1.8
2	A-2	2.3	1.7
3	A-3	2.2	1.8
4	A-4	3.1	2.2
5	B-1	2.4	1.6
6	B-2	2.1	2.1
7	B-3	3.1	2.4
8	B-4	3.0	2.3
9	C-1	2.4	1.9
10	C-2	2.7	2.3
11	C-3	2.7	2.3
12	C-4	3.0	2.1
13	D-1	2.9	1.9
14	D-2	3.0	2.2
15	D-3	3.1	2.2
16	D-4	2.7	2.1

5.2　木材树种鉴定

（1）树种分析结果

树种鉴定按照《木材鉴别方法通则》（GB/T 29894-2013），采用宏观和微观识别相结合的方法。首先使用放大镜观察木材宏观特征，初步判定或区分树种；继而，在光学显微镜下观察木材的微观解剖特征，进一步判定和区分树种；最后，与正确定名的木材标本和光学显微切片进行比对，确定木材名称。经鉴定，取样木材为硬木松（*Pinus* sp.），详细结果列表如下。

木材分析结果表

编号	构件位置及名称	树种名称	拉丁名
1	东北角亭 3-B-C 承椽枋	硬木松	*Pinus* sp.

（2）树种介绍、参考产地、显微照片及物理力学性质

硬木松（拉丁名：*Pinus* sp.）

木材解剖特征：

生长轮甚明显，早材至晚材急变。早材管胞横切面为方形及长方形，径壁具缘纹孔通常1列，圆形及椭圆形；晚材管胞横切面为长方形、方形及多边形，径壁具缘纹孔1列、形小、圆形。轴向薄壁组织缺如。木射线单列和纺锤形两类，单列射线通常3个～8个细胞高；纺锤射线具径向树脂道，近道上下方射线细胞2列～3列，射线管胞存在于上述两类射线中，位于上下边缘1列～2列。上下壁具深锯齿状或犬牙状加厚，具缘纹孔明显、形小。射线薄壁细胞与早材管胞间交叉场纹孔式为窗格状1个～2个，通常为1个，具轴向和横向树脂道，树脂道泌脂细胞壁薄，常含拟侵填体，径向树脂道比轴向树脂道小得多。

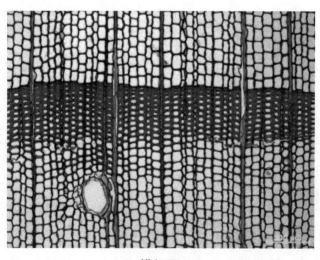

横切面

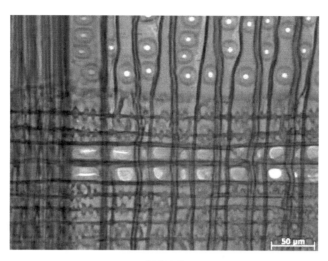

径切面

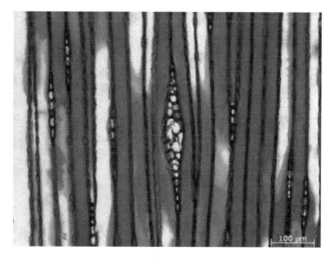

弦切面

树木及分布：

以油松为例：大乔木，高可达 25 米，胸径 2 米。分布在东北、内蒙古、西南、西北及黄河中下游。

木材加工、工艺性质：

纹理直或斜，结构粗或较粗，较不均匀，早材至晚材急变，干燥较快，板材气干时会产生翘裂；有一定的天然耐腐性，防腐处理容易。

木材利用：

可用作建筑、运动器械等。参考马尾松（马尾松：适于做造纸及人造丝的原料。过去福建马尾造船厂使用马尾松做货轮的船壳与龙骨等。目前大量用于包装工业以代替红

松，经脱脂处理后质量更佳。原木或原条经防腐处理后，最适于做坑木、电杆、枕木、木桩等，并为工厂、仓库、桥梁、船坞等重型结构的原料。房屋建筑上如用作房架、柱子、搁栅、地板和里层地板、墙板等，应用室内防腐剂进行防腐处理，否则易受白蚁和腐木菌危害。通常用作卡车、电池隔电板、木桶、箱盒、橱柜、板条箱、农具及日常用具。运动器械方面有跳箱、篮球架等。原木适于做次等胶合板，南方多做火柴杆盒）。

参考用物理力学性质（参考地——湖南莽山）：

中文名称	密度（g/cm³）		干缩系数（%）			抗弯强度（MPa）	抗弯弹性模量（GPa）	顺纹抗压强度（MPa）	冲击韧性（kJ/m²）	硬度（MPa）		
	基本	气干	径向	弦向	体积					端面	径面	弦面
马尾松	0.510	0.592	0.187	0.327	0.543	77.843	11.765	36.176	44.394	41.373	31.569	35.294

6. 木柱局部倾斜测量

现场采用全站仪等测量部分木柱的倾斜程度，测量高度为 3000 毫米，测量结果见下表和图。表中"—"表示现场不具备测量条件，无法取得倾斜量数据；"/"表示仅单侧取得测量数据。图中对柱构件上部倾斜量数值进行了标注，数字的位置表示柱上端倾斜的方向。其中，受现场条件制约，部分木柱仅可进行单侧测量，参照类似木柱的收分情况进行计算。

依据北京市地方标准《古建筑结构安全性鉴定技术规范 第 1 部分：木结构》（DB11/T 1190.1–2015）附录 D 进行判定，规范中规定最大相对位移 △ ≤ H/100（测量高度 H 为 3000 毫米时，H/100 为 30 毫米）且 △ ≤ 80 毫米。

根据测量结果，现场有 8 根木柱的倾斜值不符合规范限值要求。

古建常规做法中，外檐柱一般均设置侧脚，使柱上端向内侧略倾斜。目前倾斜值超限的檐柱倾斜趋势基本正常，向内侧倾斜，对结构的整体稳定性有利。

东北角亭木柱倾斜量现场检测数据表

序号	柱号	倾斜方向及倾斜量（毫米）			
		东	西	南	北
1	A–1	60	/	/	15
2	A–2	—			23
3	A–3	—			39

续表

序号	柱号	倾斜方向及倾斜量（毫米）			
		东	西	南	北
4	A–4	/	1	/	50
5	B–1	56	—		—
6	B–2	9		19	
7	B–3		3	3	
8	B–4		35	—	—
9	C–1	18			
10	C–2		6	30	
11	C–3	7		8	
12	C–4		13		—
13	D–1	22	/	58	/
14	D–2	—	—	50	
15	D–3	—	—	28	
16	D–4	/	18	45	/

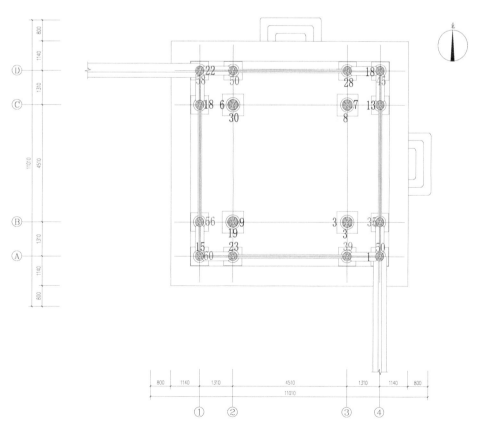

东北角亭柱倾斜量示意图（单位：毫米）

93

7. 台基相对高差测量

现场对柱础石上表面及外侧阶条石上表面的相对高差进行了测量，高差分布情况测量结果见后图。

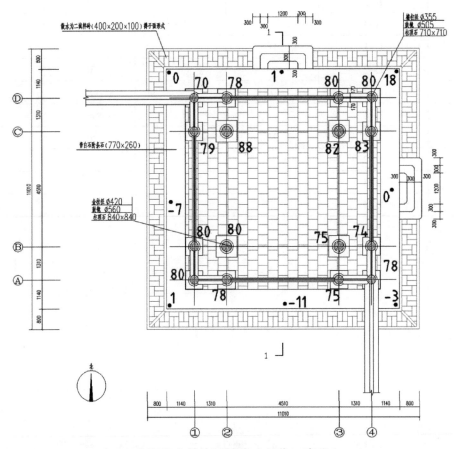

东北角亭高差检测结果（单位：毫米）

图中最外圈标注为东北角亭台明阶条石上表面的相对高度测量值，其余标注为东北角亭柱础上表面的相对高度测量值。

测量结果表明：

（1）东北角亭台明阶条石上表面存在一定高差，相对高度最低处位于建筑南侧，为−11毫米，相对高度最高处位于建筑东北角，为18毫米；最低处与最高处相差29毫米。

（2）东北角亭柱础上表面存在一定高差，相对高度最低处为D-1柱柱础上表面，为70毫米；相对高度最高处为C-2柱柱础上表面，为88毫米；最低处与最高处相差

18 毫米。

由于结构初期可能存在施工偏差，此部分高差不完全是地基的沉降差，鉴于目前未发现结构存在因地基不均匀沉降而导致的墙体开裂等明显损坏现象，可暂不进行处理。

8. 结构安全性鉴定

8.1　评定方法和原则

根据《古建筑结构安全性鉴定技术规范 第 1 部分：木结构》（DB11/T 1190.1–2015），古建筑安全性鉴定分为构件、子单元、鉴定单元 3 个项目。首先根据构件各项目检查结果，判定单个构件安全性等级，然后根据子单元各项目检查结果及各种构件的安全性等级，判定子单元安全性等级，最后根据各子单元的安全性等级，判定鉴定单元安全性等级。

本次鉴定将委托鉴定的文物建筑列为一个鉴定单元，每个鉴定单元分为地基基础、上部承重结构及围护系统三个子单元，分别对其安全性进行评定。

8.2　子单元安全性鉴定评级

地基基础安全性评定

经检查，未发现地基基础存在影响上部结构安全的不均匀沉降裂缝和明显变形，因此，本鉴定单元地基基础的安全性评为 A_u 级。

上部承重结构安全性评定

（1）构件的安全性评定

木构件的安全性等级判定，应按承载能力、构造、不适于继续承载的位移（或变形）、裂缝、腐朽、虫蛀、天然缺陷、历次加固现状等检查项目，分别判定每一受检构件的等级，并取其中最低一级作为该构件的安全性等级。

1）木柱安全性评定

木柱构件均未发现存在明显变形、裂缝及腐朽等缺陷，均评为 a_u 级。

2）木梁架中构件安全性评定

3 根花台梁及 1 根花台梁随梁存在明显斜向裂缝，以上构件评为 c_u 级；4 根花台梁随梁存在开裂，评为 b_u 级。

经统计评定，评定上部承重结构各构件的安全性等级为 B_u 级。

（2）结构整体性安全性评定

1）整体倾斜安全性鉴定

经测量，结构未发现存在明显整体倾斜，评为 B_u 级。

2）局部倾斜安全性鉴定

经测量，本结构所抽检木柱有 8 根倾斜值不符合规范限值要求，基本符合古建侧脚做法，评为 B_u 级。

3）构件间的联系安全性鉴定

纵向连枋及其联系构件未发现存在明显松动，构架间的联系综合评为 A_u 级。

4）梁柱间的联系安全性鉴定

北侧承椽枋东端明显拔榫，梁柱间的联系综合评定为 B_u 级。

5）榫卯完好程度安全性鉴定

榫卯材质基本完好，榫卯完好程度综合评定为 A_u 级。

综合评定该单元上部承重结构整体性的安全性等级为 B_u 级。

综上，上部承重结构的安全性等级评定为 B_u 级。

围护系统安全性评定

围护系统主要包括自承重墙体、屋面等构件。

（1）砖墙安全性评定

砖墙安全性等级判定，应按风化、倾斜、裂缝 3 个项目检查，分别判定每一受检构件的等级，并取其中最低一级作为该构件的安全性等级。

经检测，砖墙未发现存在明显开裂、变形等缺陷；该项目评定为 A_u 级。

（2）屋面安全性评定

屋面的安全性等级判定，应分别检查望板、灰泥背、瓦面、屋脊。

经检查，北侧下方屋檐望板中间明显糟朽，望板项目评定为 B_u 级。

经检查，瓦片局部破碎、掉落，东侧下方屋面长有杂草，瓦面项目评定为 B_u 级。

综合评定该单元围护系统的安全性等级为 B_u 级。

8.3 鉴定单元的鉴定评级

综合上述，根据《古建筑结构安全性鉴定技术规范 第 1 部分：木结构》（DB11/T

1190.1–2015），鉴定单元的安全性等级评为 B_{su} 级，安全性略低于本标准对 A_{su} 级的要求，尚不显著影响整体承载。有极少数构件应采取措施。

9. 处理建议

（1）建议对存在开裂掉角的陡板石进行修复处理。

（2）建议对开裂程度相对较大的木构件进行修复加固处理。

（3）建议对存在明显拔榫的节点采取锚固和补强措施。

（4）建议对存在糟朽的连檐进行修复处理。

（5）建议清理屋面杂草，对破碎、掉落的瓦片进行修复处理。

（6）对该文物建筑涉及的结构修缮加固，建议委托具有资质的单位进行修缮加固设计，确保安全。

第五章　东南角亭结构安全检测鉴定

1.建筑概况

1.1　建筑简况

东南角亭为重檐四角攒尖方亭建筑，面阔三间，进深三间。青琉璃瓦心，绿琉璃镶边。建筑台明长宽均为 35.13 米。建筑宝顶顶点标高 11.72 米。

角亭外围一圈檐柱，里围一圈金柱。檐柱直径 335 毫米，金柱直径 420 毫米。檐柱高 4.54 米，金柱高 7.33 米。角亭明间面阔 4.51 米，次间 1.31 米，通面阔 7.13 米。

角亭上下层檐斗拱层均采用五踩斗拱，上层构架采用抹角梁支撑的做法。

1.2　现状立面照片

东南角亭北立面

98

东南角亭南立面

东南角亭东立面

东南角亭西立面

1.3 建筑测绘图纸

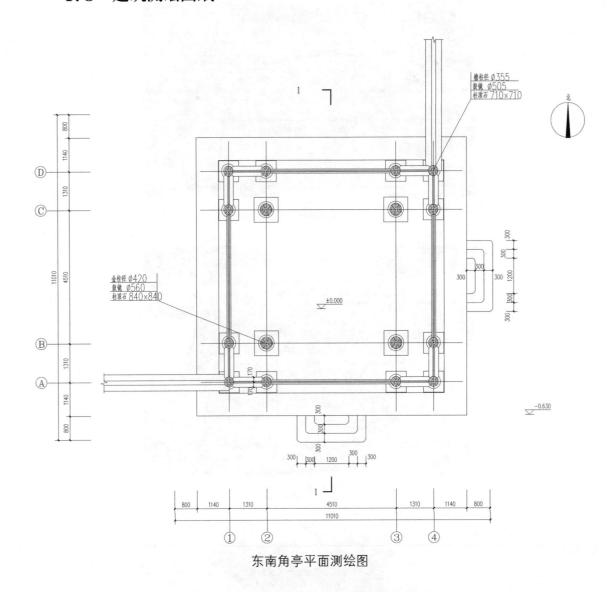

东南角亭平面测绘图

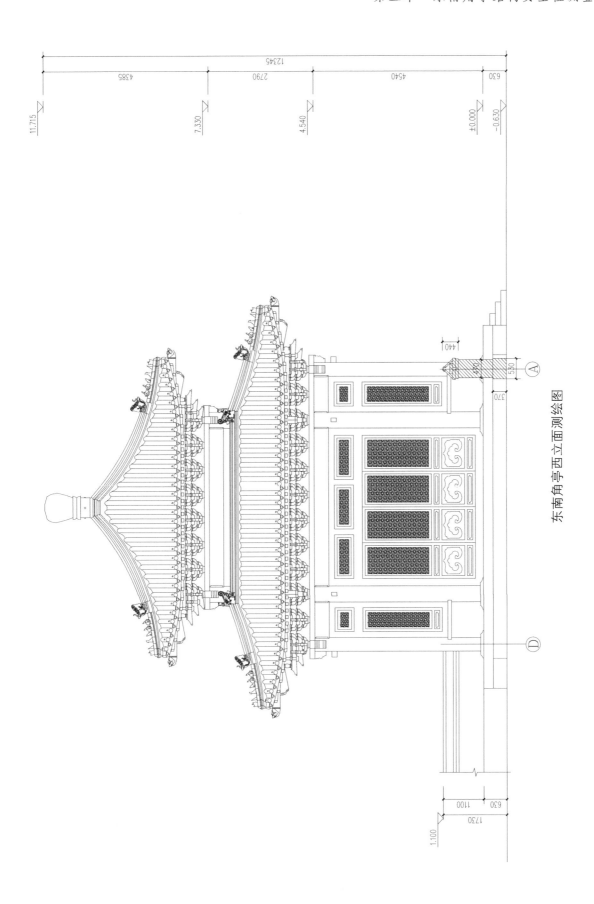

东南角亭西立面测绘图

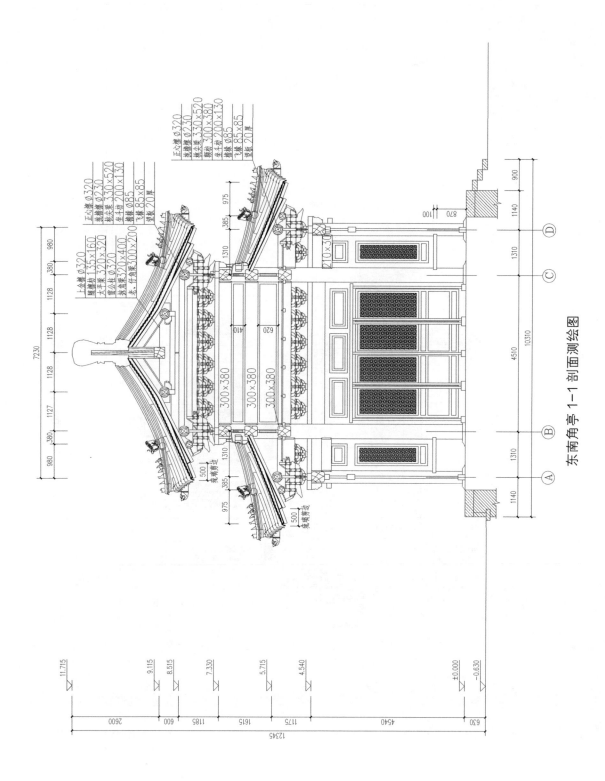

东南角亭 1-1 剖面测绘图

2. 地基基础雷达探查

采用地质雷达对结构地基基础进行探查。雷达天线频率为300兆赫，测试深度约为1.5米，雷达测线见示意图，详细测试结果见后图。

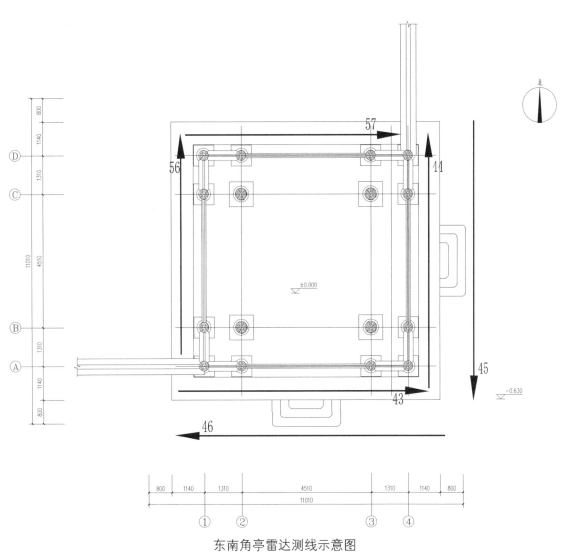

东南角亭雷达测线示意图

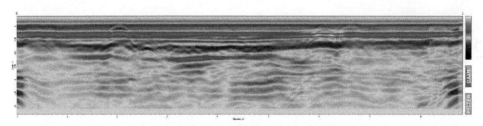

测线 43（东南角亭南侧室外台明）

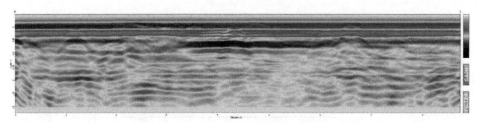

测线 44（东南角亭东侧室外台明）

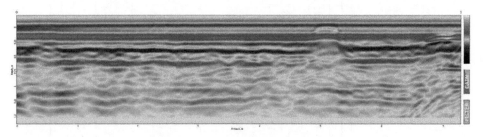

测线 56（东南角亭西侧室外台明）

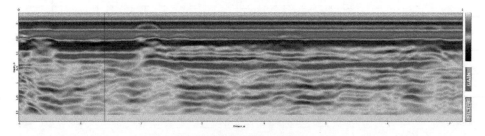

测线 57（东南角亭北侧室外台明）

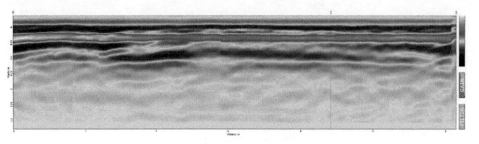

测线 45（东南角亭东侧室外地面）

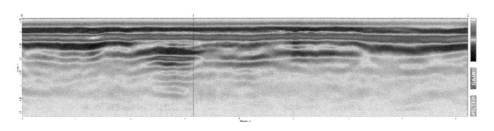

测线 46（东南角亭南侧室外地面）

由台明测线 43、44、56、57 可见，东南角亭台明上表面雷达反射波形态基本类似，相对比较杂乱，表明下方材质不够均匀，但未发现存在明显空洞等缺陷。

由室外地面测线 45、46 可见，东南角亭室外地面雷达反射波基本平直，室外地面下方均未发现存在明显空洞等缺陷。

由于地面无法开挖与雷达图像进行比对，解释结果仅作为参考。

3. 振动测试

现场使用 INV9580A 型超低频测振仪、Dasp-V11 数据采集分析软件对结构进行振动测试，测振仪放置在东南角亭 3 轴额枋上，主要测试结果如下表所示；同时测得结构水平最大响应为 0.05 毫米 / 秒。

结构振动测试结果表

方向	自振频率（赫兹）
水平向	1.5

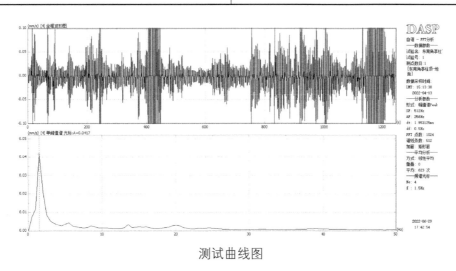

测试曲线图

105

振动频率与自身质量和刚度等因素有关，其中，建筑平面体型、墙体布置、结构内部损伤等因素会影响结构的刚度。

依据《古建筑防工业振动技术规范》（GB/T 50452-2008），古建筑木结构的水平固有频率为 $f=\dfrac{1}{2\pi H}\lambda_j\phi=\dfrac{1}{2\times3.14\times7.33}\times1.875\times52=2.11$，结构水平向的实测频率为 1.5，比计算值偏小，结构形式完全一致的西南角亭和西北角亭实测频率均为 2，表明此结构整体刚度相对较低，局部可能存在损伤。

根据《古建筑防工业振动技术规范》（GB/T 50452-2008），对于全国重点文物保护单位关于木结构顶层柱顶水平容许振动速度最高不能超过 0.18 毫米 / 秒～0.22 毫米 / 秒，本结构水平振动速度满足规范的限值要求。

4. 结构外观质量检查

4.1 地基基础

（1）经检查，结构未见因地基不均匀沉降而导致的明显裂缝和变形，建筑的地基基础承载状况基本良好。

（2）经检查，多处阶条石存在风化、开裂，一处阶条石存在松动。

地基基础现状见后图。

西侧阶条石开裂

北侧一处阶条石松动

东侧阶条石开裂

南侧陡板石明显风化开裂

4.2 上部承重结构

对该房屋上部承重结构具备检查条件的构件进行了检查检测，主要检查结论如下，

（1）木梁架存在的主要缺陷情况有：1）花台梁及其随梁多处存在开裂；2）西侧承椽枋及花台梁随梁南端存在轻微拔榫；3）东南角梁上部拔榫；4）东南抹角梁木节过大。

（2）木柱未发现存在明显缺陷。

上部承重结构现状见后图。

西侧承椽枋及花台梁随梁南端存在拔榫，最大拔榫长度约 30 毫米

西侧花台梁随梁斜向开裂，15 毫米宽

东南角梁上部拔榫

北侧花台梁随梁斜向开裂，30 毫米宽

东侧花台梁水平开裂，25毫米宽

东侧花台梁随梁水平开裂，25毫米宽

东北抹角梁水平开裂，20 毫米宽

东南抹角梁木节过大

1 轴梁架现状

2 轴屋架现状

4.3　围护系统

（1）经检查，屋面瓦片局部破碎、掉落。

（2）经检查，北侧下部屋面局部长有杂草。

（3）经检查，南侧上层屋檐一处连檐糟朽。

围护结构现状照片见后图。

北立面正脊一处瓦片掉落

北侧下部屋面局部长有杂草

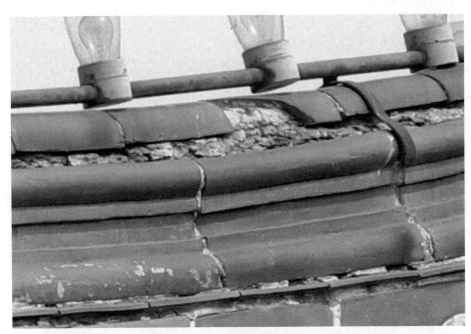

西北角上脊一处瓦片破碎

南侧上层屋檐一处连檐糟朽,上方勾头缺损

5. 木材材质状况勘察及树种鉴定

5.1　木材含水率检测结果

现场使用含水率检测仪检测木柱表面的含水率。经检测，东南角亭内各柱构件含水率在 1.7%–3.1% 之间，未见明显异常，含水率详细检测数据见下表。

东南角亭柱构件含水率检测数据表

序号	位置	柱底处	距柱底 0.3m 处
1	A–1	2.7	2.1
2	A–2	2.5	2.1
3	A–3	2.3	2.1
4	A–4	2.6	1.8
5	B–1	2.6	2.2
6	B–2	2.0	1.9
7	B–3	1.7	1.7
8	B–4	2.6	2.0
9	C–1	2.4	1.8
10	C–2	2.2	1.8
11	C–3	2.0	1.8
12	C–4	2.4	2.0
13	D–1	2.0	2.1
14	D–2	2.2	2.3
15	D–3	2.6	2.2
16	D–4	3.1	2.2

5.2　木材树种鉴定

（1）树种分析结果

树种鉴定按照《木材鉴别方法通则》（GB/T 29894–2013），采用宏观和微观识别相结合的方法。首先使用放大镜观察木材宏观特征，初步判定或区分树种；继而，在光学显微镜下观察木材的微观解剖特征，进一步判定和区分树种；最后，与正确定名的木材标本和光学显微切片进行比对，确定木材名称。经鉴定，取样木材为落叶松（*Larix* sp.）及硬木松（*Pinus* sp.），详细结果列表如下。

木材分析结果表

编号	构件位置及名称	树种名称	拉丁名
1	东南角亭 3-B 轴柱	落叶松	*Larix* sp.
2	东南角亭 3-A-B 抱头梁	落叶松	*Larix* sp.
3	东南角亭 3 轴承橼枋	硬木松	*Pinus* sp.

（2）树种介绍、参考产地、显微照片及物理力学性质

落叶松（拉丁名：*Larix* sp.）

木材解剖特征：

生长轮明显，早材至晚材急变。早材管胞横切面为长方形，径壁具缘纹孔 1 列～2 列（2 列甚多）；晚材管胞横切面为方形及长方形，径壁具缘纹孔 1 列。轴向薄壁组织偶见。木射线具单列和纺锤形两类：①单列射线高 1 个～34 个细胞，多数 7 个～20 个细胞。②纺锤射线具径向树脂道。射线管胞存在于上述两类射线的上下边缘及中部，内壁锯齿未见，外缘波浪形。射线薄壁细胞水平壁厚。射线细胞与早材管胞间交叉场纹孔式为云杉型，少数杉木型，通常 4 个～6 个。树脂道轴向者大于径向，泌脂细胞壁厚。

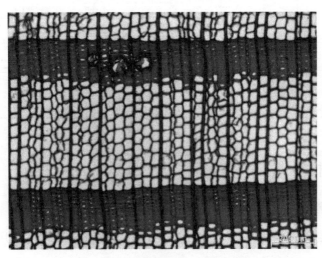

横切面

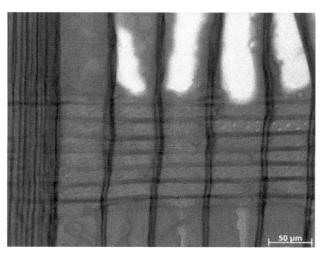

径切面

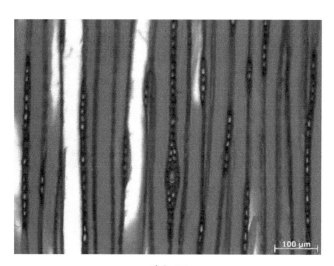

弦切面

树木及分布：

以落叶松为例：大乔木，高可达 35 米，胸径 90 厘米。分布在东北、内蒙古、山西、河北、新疆等。

木材加工、工艺性质：

干燥较慢，且易开裂和劈裂；早晚材性质差别大，干燥时常有沿年轮交界处轮裂现象；耐腐性强（但立木腐朽极严重），是针叶树材中耐腐性最强的树种之一，抗蚁性弱，能抗海生钻木动物危害，防腐浸注处理最难；多油眼；早晚材硬度相差很大，横向切削困难，但纵面颇光滑；油漆后光亮性好；胶粘性质中等；握钉力强，易劈裂。

木材利用：

因强度和耐腐性在针叶树材中均属较大，原木或原条比红杉类更适宜做坑木、枕木、电杆、木桩、篱柱、桥梁及柱子等。板材做房架、径锯地板、木槽、木梯、船舶、跳板、车梁、包装箱。亦可用于硫酸盐法制纸，幼龄材适于造纸。树皮可以浸提单宁。

参考用物理力学性质（参考地——东北小兴安岭）：

中文名称	密度（g/cm³）		干缩系数（%）			抗弯强度（MPa）	抗弯弹性模量（GPa）	顺纹抗压强度（MPa）	冲击韧性（kJ/m²）	硬度（MPa）		
	基本	气干	径向	弦向	体积					端面	径面	弦面
落叶松	—	0.641	0.169	0.398	0.588	111.078	14.216	56.471	48.020	36.961	—	—

硬木松（拉丁名：*Pinus* sp.）

木材解剖特征：

生长轮甚明显，早材至晚材急变。早材管胞横切面为方形及长方形，径壁具缘纹孔通常1列，圆形及椭圆形；晚材管胞横切面为长方形、方形及多边形，径壁具缘纹孔1列、形小、圆形。轴向薄壁组织缺如。木射线单列和纺锤形两类，单列射线通常3个～8个细胞高；纺锤射线具径向树脂道，近道上下方射线细胞2列～3列，射线管胞存在于上述两类射线中，位于上下边缘1列～2列。上下壁具深锯齿状或犬牙状加厚，具缘纹孔明显、形小。射线薄壁细胞与早材管胞间交叉场纹孔式为窗格状1个～2个，通常为1个，具轴向和横向树脂道，树脂道泌脂细胞壁薄，常含拟侵填体，径向树脂道比轴向树脂道小得多。

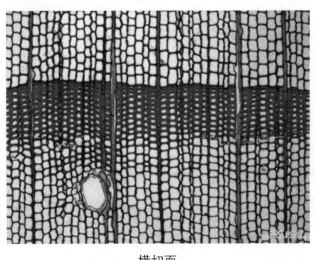

横切面

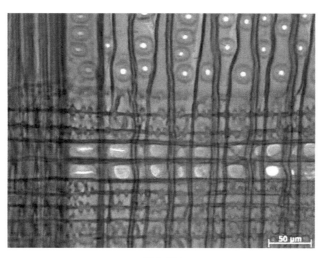

径切面

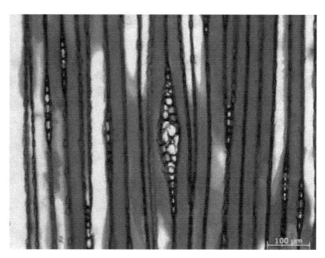

弦切面

树木及分布：

以油松为例：大乔木，高可达 25 米，胸径 2 米。分布在东北、内蒙古、西南、西北及黄河中下游。

木材加工、工艺性质：

纹理直或斜，结构粗或较粗，较不均匀，早材至晚材急变，干燥较快，板材气干时会产生翘裂；有一定的天然耐腐性，防腐处理容易。

木材利用：

可用作建筑、运动器械等。参考马尾松（马尾松：适于做造纸及人造丝的原料。过去福建马尾造船厂使用马尾松做货轮的船壳与龙骨等。目前大量用于包装工业以代替红松，经脱脂处理后质量更佳。原木或原条经防腐处理后，最适于做坑木、电杆、枕木、木桩等，并为工厂、仓库、桥梁、船坞等重型结构的原料。房屋建筑上如用作房架、柱子、搁栅、地板和里层地板、墙板等，应用室内防腐剂进行防腐处理，否则易受白蚁和腐木菌危害。通常用作卡车、电池隔电板、木桶、箱盒、橱柜、板条箱、农具及日常用具。运动器械方面有跳箱、篮球架等。原木适于做次等胶合板，南方多做火柴杆盒）。

参考用物理力学性质（参考地——湖南莽山）：

中文名称	密度（g/cm³）		干缩系数（%）			抗弯强度（MPa）	抗弯弹性模量（GPa）	顺纹抗压强度（MPa）	冲击韧性（kJ/m²）	硬度（MPa）		
	基本	气干	径向	弦向	体积					端面	径面	弦面
马尾松	0.510	0.592	0.187	0.327	0.543	77.843	11.765	36.176	44.394	41.373	31.569	35.294

6. 木柱局部倾斜测量

现场采用全站仪等测量部分木柱的倾斜程度，测量高度为 3000 毫米，测量结果见下表和图。表中"—"表示现场不具备测量条件，无法取得倾斜量数据；"/"表示仅单侧取得测量数据。图中对柱构件上部倾斜量数值进行了标注，数字的位置表示柱上端倾斜的方向。其中，受现场条件制约，部分木柱仅可进行单侧测量，参照类似木柱的收分情况进行计算。

依据北京市地方标准《古建筑结构安全性鉴定技术规范 第 1 部分：木结构》（DB11/T 1190.1–2015）附录 D 进行判定，规范中规定最大相对位移△ ≤ H/100（测量高度 H 为 3000 毫米时，H/100 为 30 毫米）且△ ≤ 80 毫米。

根据测量结果，现场有 9 根木柱的倾斜值不符合规范限值要求。

古建常规做法中，外檐柱一般均设置侧脚，使柱上端向内侧略倾斜。目前倾斜值超限的檐柱倾斜趋势基本正常，但倾斜程度过大。

目前该建筑各柱上端基本均向南侧倾斜，表明建筑整体向南侧倾斜。检查倾斜金柱与桃尖梁及穿插枋的节点，未发现存在明显拔榫现象，此倾斜变形在上次修缮时可能已经存在，近期并未继续发展，建议对倾斜程度较大的木柱变形进行实时监测，如发现存在进一步发展的趋势，应采取相应加固处理措施。

东南角亭木柱倾斜量现场检测数据表

序号	柱号	倾斜方向及倾斜量（毫米）			
		东	西	南	北
1	A-1	6	/	20	/
2	A-2	—	—	25	
3	A-3	—	—	14	
4	A-4	/	23	14	/
5	B-1	29		—	—
6	B-2		6	76	
7	B-3	/	9	51	
8	B-4		29	—	—
9	C-1	16		—	—
10	C-2		15	46	
11	C-3		31	40	
12	C-4		50	—	—
13	D-1	10	/	96	/
14	D-2	—	—	97	
15	D-3	—	—	76	
16	D-4	/	51	80	/

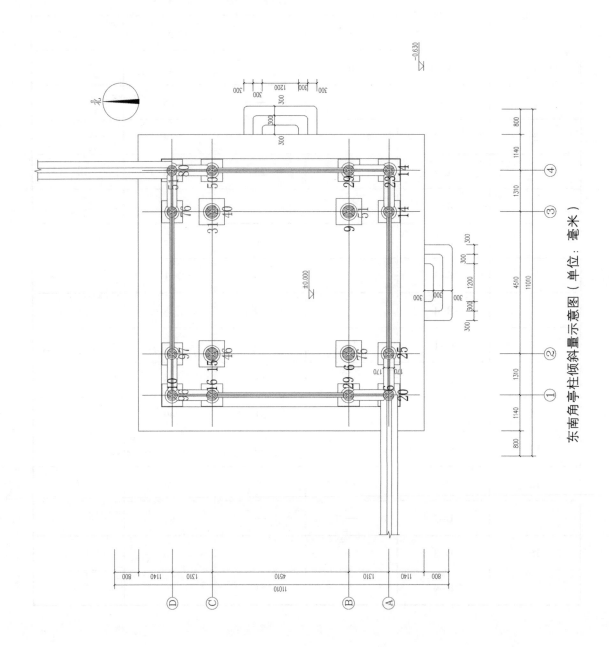

东南角亭柱倾斜量示意图（单位：毫米）

7. 台基相对高差测量

现场对柱础石上表面及外侧阶条石上表面的相对高差进行了测量，高差分布情况测量结果见后图。

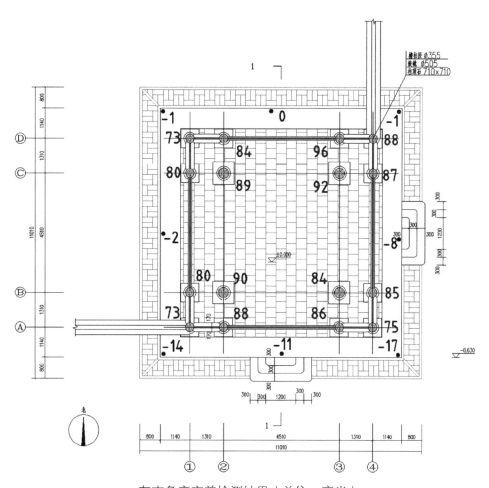

东南角亭高差检测结果（单位：毫米）

图中最外圈标注为东北角亭台明阶条石上表面的相对高度测量值，其余标注为东北角亭柱础上表面的相对高度测量值。

测量结果表明：

（1）东南角亭台明阶条石上表面存在一定高差，相对高度最低处位于建筑东南角，为 –17 毫米，相对高度最高处位于建筑北侧，为 0 毫米；最低处与最高处相差 17 毫米。整体呈北高南低，南侧台明存在一定的沉降。

（2）东南角亭柱础上表面存在一定高差，相对高度最低处为 A–1、D–1 柱柱础上表面，为 73 毫米；相对高度最高处为 D–3 柱柱础上表面，为 96 毫米；最低处与最高处相差 23 毫米。东侧 3 轴、4 轴柱础石呈北高南低，最低处与最高处相差 21 毫米。

由于结构初期可能存在施工偏差，此部分高差不完全是地基的沉降差，鉴于目前未发现结构存在因地基不均匀沉降而导致的墙体开裂等明显损坏现象，可暂不进行处理。

8. 结构安全性鉴定

8.1 评定方法和原则

根据《古建筑结构安全性鉴定技术规范 第 1 部分：木结构》（DB11/T 1190.1–2015），古建筑安全性鉴定分为构件、子单元、鉴定单元 3 个项目。首先根据构件各项目检查结果，判定单个构件安全性等级，然后根据子单元各项目检查结果及各种构件的安全性等级，判定子单元安全性等级，最后根据各子单元的安全性等级，判定鉴定单元安全性等级。

本次鉴定将委托鉴定的文物建筑列为一个鉴定单元，每个鉴定单元分为地基基础、上部承重结构及围护系统三个子单元，分别对其安全性进行评定。

8.2 子单元安全性鉴定评级

地基基础安全性评定

经检查，局部台明及柱础石存在一定的沉降，上部木柱存在明显倾斜，倾斜无明显发展迹象，砌体部分无沉降裂缝，本鉴定单元地基基础的安全性评为 B_u 级。

上部承重结构安全性评定

（1）构件的安全性评定

木构件的安全性等级判定，应按承载能力、构造、不适于继续承载的位移（或变形）、裂缝、腐朽、虫蛀、天然缺陷、历次加固现状等检查项目，分别判定每一受检构件的等级，并取其中最低一级作为该构件的安全性等级。

1）木柱安全性评定

木柱构件均未发现存在明显变形、裂缝及腐朽等缺陷，均评为 a_u 级。

2）木梁架中构件安全性评定

2 根花台梁随梁存在明显斜向裂缝，东南抹角梁木节过大，以上构件评为 c_u 级；1 根花台梁，1 根花台梁随梁以及 1 根抹角梁存在开裂，评为 b_u 级。

经统计评定，评定上部承重结构各构件的安全性等级为 B_u 级。

（2）结构整体性安全性评定

1）整体倾斜安全性评定

经测量，结构目前整体明显向南侧倾斜，倾斜量不符合规范限值要求，评为 C_u 级。

2）局部倾斜安全性评定

经测量，本结构所抽检木柱有 9 根倾斜值不符合规范限值要求，评为 C_u 级。

3）构件间的联系：

纵向连枋及其联系构件未发现存在明显松动，构架间的联系综合评为 B_u 级。

4）梁柱间的联系安全性评定

两处节点存在明显拔榫，梁柱间的联系综合评定为 C_u 级。

5）榫卯完好程度安全性评定

榫卯材质基本完好，榫卯完好程度综合评定为 A_u 级。

综合评定该单元上部承重结构整体性的安全性等级为 C_u 级。

综上，上部承重结构的安全性等级评定为 C_u 级。

围护系统安全性评定

围护系统主要包括自承重墙体、屋面等构件。

（1）砖墙安全性评定

砖墙安全性等级判定，应按风化、倾斜、裂缝 3 个项目检查，分别判定每一受检构件的等级，并取其中最低一级作为该构件的安全性等级。

经检测，砖墙未发现存在明显开裂、变形等缺陷；该项目评定为 A_u 级。

（2）屋面安全性评定

屋面的安全性等级判定，应分别检查望板、灰泥背、瓦面、屋脊。

经检查，南侧上层屋檐一处望板糟朽，望板项目评定为 B_u 级。

经检查，瓦片局部破碎、掉落，北侧下部屋面局部杂草，瓦面项目评定为 B_u 级。

综合评定该单元围护系统的安全性等级为 B_u 级。

8.3　鉴定单元的鉴定评级

综合上述，根据《古建筑结构安全性鉴定技术规范 第 1 部分：木结构》（DB11/T 1190.1–2015），鉴定单元的安全性等级评为 C_{su} 级，安全性不符合本标准对 A_{su} 级的要求，显著影响整体承载。应采取措施，有少数构件应立即采取措施。

9. 处理建议

（1）建议对存在风化、开裂以及松动的阶条石进行修复处理。

（2）建议对开裂程度相对较大的木构件进行修复加固处理。

（3）建议对存在明显拔榫的节点采取锚固和补强措施。

（4）建议对木节过大的木梁采取加固措施。

（5）建议对存在糟朽的连檐进行修复处理。

（6）建议清理屋面杂草，对破碎、掉落的瓦片进行修复处理。

（7）经测量，结构目前整体明显向南侧倾斜，倾斜量不符合规范限值要求，建议对倾斜程度较大的木柱变形进行实时监测，如发现存在进一步发展的趋势，应采取相应加固处理措施。

（8）经测量，南侧地基基础存在一定的沉降，建议对地基基础沉降变形进行监测。

（9）对该房屋涉及的结构修缮加固，建议委托具有资质的单位进行修缮加固设计，确保安全。

第六章　西南角亭结构安全检测鉴定

1. 建筑概况

1.1　建筑简况

西南角亭为重檐四角攒尖方亭建筑，面阔三间，进深三间。青琉璃瓦心，绿琉璃镶边。建筑台明长宽均为 35.13 米。建筑宝顶顶点标高 11.72 米。

角亭外围一圈檐柱，里围一圈金柱。檐柱直径 335 毫米，金柱直径 420 毫米。檐柱高 4.54 米，金柱高 7.33 米。角亭明间面阔 4.51 米，次间 1.31 米，通面阔 7.13 米。

角亭上下层檐斗拱层均采用五踩斗拱，上层构架采用抹角梁支撑的做法。

1.2　现状立面照片

西南角亭东立面

西南角亭西立面

西南角亭南立面

西南角亭北立面

1.3　建筑测绘图纸

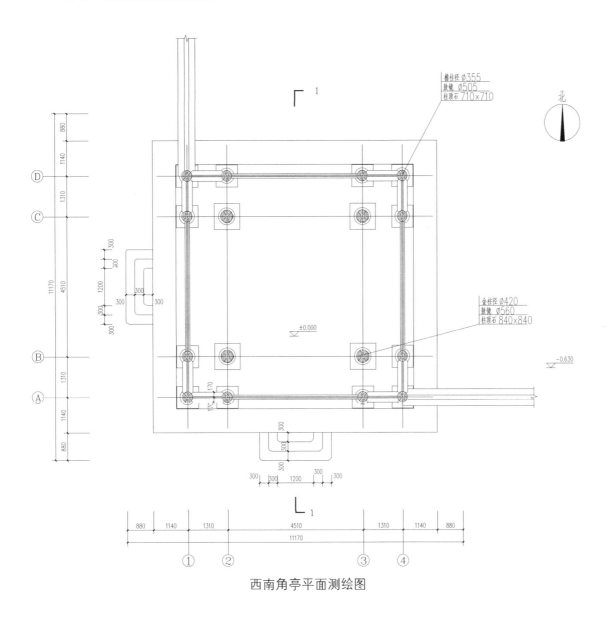

西南角亭平面测绘图

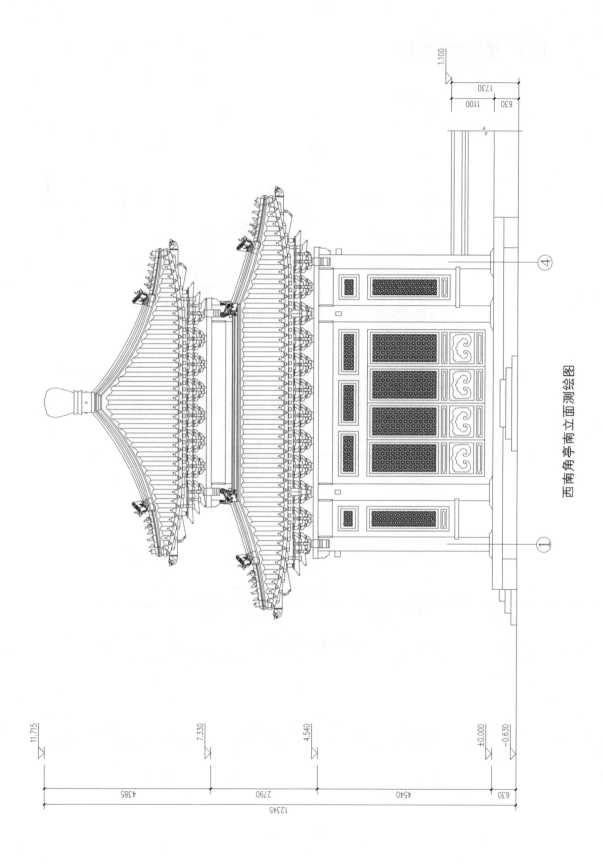

西南角亭南立面测绘图

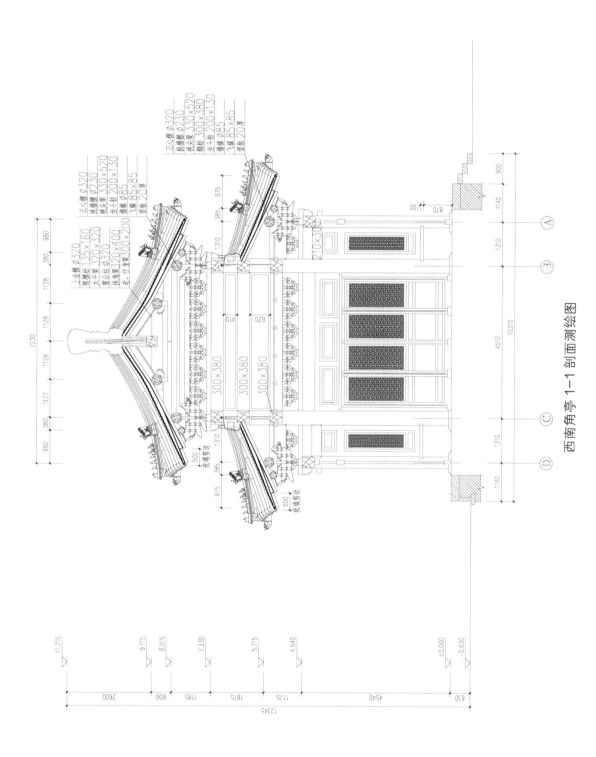

西南角亭 1-1 剖面测绘图

2. 地基基础雷达探查

采用地质雷达对结构地基基础进行探查。雷达天线频率为 300 兆赫，测试深度约为 1.5 米，雷达测线示见意图，详细测试结果见后图。

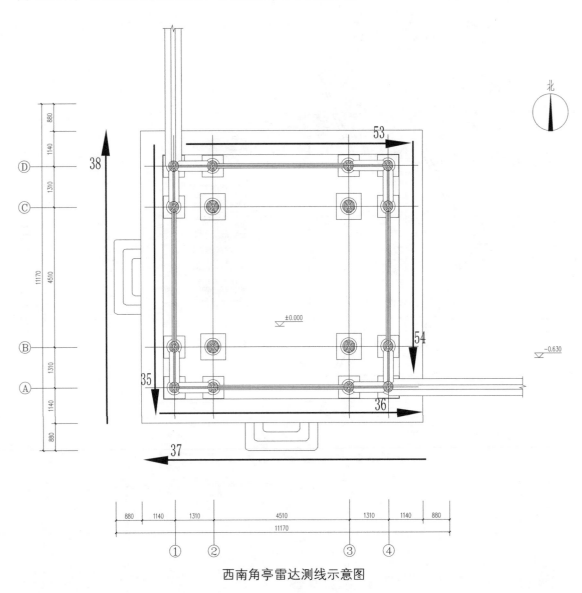

西南角亭雷达测线示意图

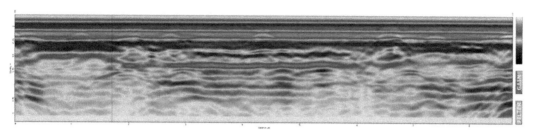

测线 35（西南角亭西侧室外台明）

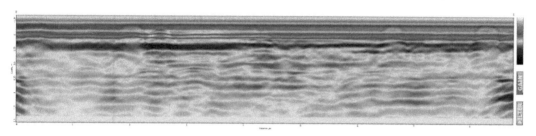

测线 36（西南角亭南侧室外台明）

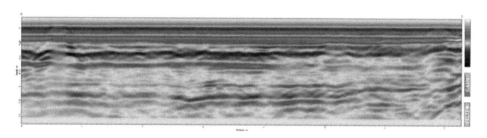

测线 53（西南角亭北侧室外台明）

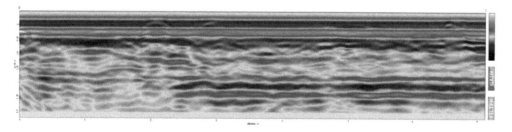

测线 54（西南角亭东侧室外台明）

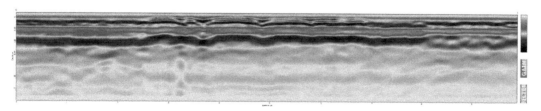

测线 37（西南角亭南侧室外地面）

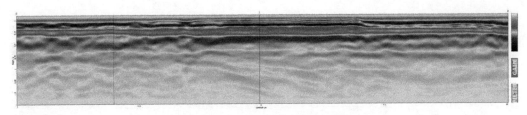

测线 38（西南角亭西侧室外地面）

由台明测线 35、36、53、54 可见，西南角亭台明上表面雷达反射波形态基本类似，相对比较杂乱，表明下方材质不够均匀，但未发现存在明显空洞等缺陷。

由室外地面测线 37、38 可见，西南角亭室外地面雷达反射波基本平直，室外地面下方均未发现存在明显空洞等缺陷。

由于地面无法开挖与雷达图像进行比对，解释结果仅作为参考。

3. 振动测试

现场使用 INV9580A 型超低频测振仪、Dasp-V11 数据采集分析软件对结构进行振动测试，测振仪放置在西南角亭 3 轴额枋上，主要测试结果如下表所示；同时测得结构水平最大响应为 0.04 毫米 / 秒。

西南角亭结构振动测试结果表

方向	自振频率（赫兹）
水平向	2

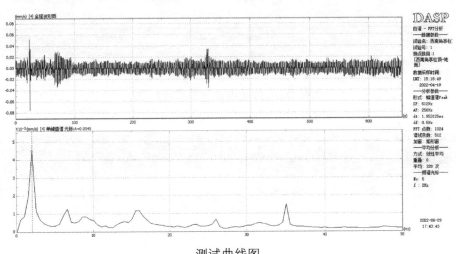

测试曲线图

振动频率与自身质量和刚度等因素有关，其中，建筑平面体型、墙体布置、结构内部损伤等因素会影响结构的刚度。

依据《古建筑防工业振动技术规范》（GB/T 50452–2008），古建筑木结构的水平固有频率为 $f = \dfrac{1}{2\pi H}\lambda_j\phi = \dfrac{1}{2\times3.14\times7.33}\times1.875\times52 = 2.11$，结构水平向的实测频率为 2，基本一致。

根据《古建筑防工业振动技术规范》（GB/T 50452–2008），对于全国重点文物保护单位关于木结构顶层柱顶水平容许振动速度最高不能超过 0.18 毫米／秒～0.22 毫米／秒，本结构水平振动速度满足规范的限值要求。

4. 结构外观质量检查

4.1 地基基础

（1）经检查，结构未见因地基不均匀沉降而导致的明显裂缝和变形，建筑的地基基础承载状况基本良好。

（2）经检查，个别阶条石及陡板石存在松动，个别阶条石存在风化开裂。

地基基础现状见后图。

东北角阶条石松动

北侧陡板石松动

南侧台明条石局部风化开裂

西侧台明条石局部风化开裂

4.2　上部承重结构

对该房屋上部承重结构具备检查条件的构件进行了检查检测，主要检查结论如下：

（1）1根花台梁随梁斜向开裂。

（2）木柱未发现存在明显缺陷。

上部承重结构现状见后图。

西侧花台梁随梁斜向开裂，15毫米宽

屋架现状

屋架现状照片

4.3 围护系统

（1）经检查，北侧砖墙轻微风化。

（2）经检查，屋面局部长有杂草。

围护结构现状见后图。

北侧砖墙轻微风化

南侧下方屋面局部长有杂草

西侧下方屋面局部长有杂草

5. 木材材质状况勘察及树种鉴定

5.1　木材含水率检测结果

现场使用含水率检测仪检测木柱表面的含水率。经检测，西南角亭内各柱构件含水率在 1.5%～5.2% 之间，未见明显异常，含水率详细检测数据见下表。

西南角亭柱构件含水率检测数据表

序号	位置	柱底处	距柱底0.3米处
1	A–1	2.8	4.1
2	A–2	2.7	5.2
3	A–3	2.3	3.8
4	A–4	2.9	3.6
5	B–1	3.0	2.3
6	B–2	2.8	2.1
7	B–3	2.4	2.0
8	B–4	2.3	3.0
9	C–1	2.8	2.4
10	C–2	1.5	1.8
11	C–3	2.8	2.0
12	C–4	2.5	4.1
13	D–1	2.9	2.3
14	D–2	2.6	3.3
15	D–3	2.4	3.9
16	D–4	2.4	4.2

5.2 阻力仪检测结果

依据现场木构件外观及含水率等检查结果，选取其中较为典型的立柱进行微钻阻力检测。经检测：西南角亭A–4柱内部材质强度较高，未发现明显内部缺陷。

西南角亭立柱材质状况检测简表

编号	名称	位置	微钻阻力图号	材质状况
a	柱	A–4	20092	该构件内部有长度约11毫米的轻微残损

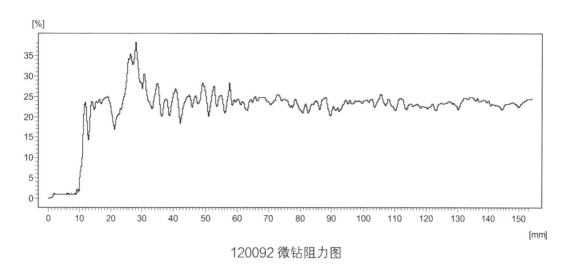

120092 微钻阻力图

西南角亭 A-4 柱处的微钻阻力仪检测结果如上图。检测结果表明构件内部材质强度较高，未发现明显内部缺陷。

5.3　木材树种鉴定

（1）树种分析结果

树种鉴定按照《木材鉴别方法通则》（GB/T 29894-2013），采用宏观和微观识别相结合的方法。首先使用放大镜观察木材宏观特征，初步判定或区分树种；继而，在光学显微镜下观察木材的微观解剖特征，进一步判定和区分树种；最后，与正确定名的木材标本和光学显微切片进行比对，确定木材名称。经鉴定，取样木材为落叶松（*Larix* sp.）、硬木松（*Pinus* sp.），详细结果列表如下。

木材分析结果表

编号	构件位置及名称	树种名称	拉丁名
1	西南角亭 B-C-3 承椽枋	硬木松	*Pinus* sp.
2	西南角亭 B-3 柱	落叶松	*Larix* sp.

（2）树种介绍、参考产地、显微照片及物理力学性质

落叶松（拉丁名：*Larix* sp.）

木材解剖特征：

生长轮明显，早材至晚材急变。早材管胞横切面为长方形，径壁具缘纹孔 1 列～2 列（2 列甚多）；晚材管胞横切面为方形及长方形，径壁具缘纹孔 1 列。轴向薄壁组

织偶见。木射线具单列和纺锤形两类：①单列射线高 1 个～34 个细胞，多数 7 个～20 个细胞。②纺锤射线具径向树脂道。射线管胞存在于上述两类射线的上下边缘及中部，内壁锯齿未见，外缘波浪形。射线薄壁细胞水平壁厚。射线细胞与早材管胞间交叉场纹孔式为云杉型，少数杉木型，通常 4 个～6 个。树脂道轴向者大于径向，泌脂细胞壁厚。

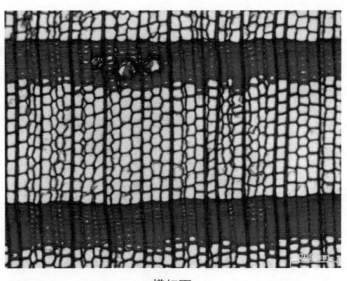

横切面

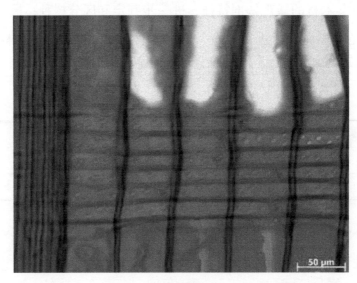

径切面

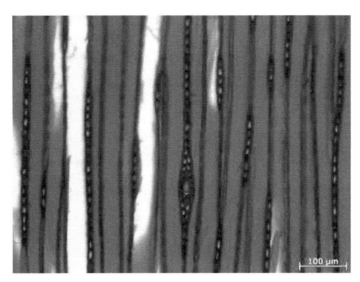

弦切面

树木及分布：

以落叶松为例：大乔木，高可达 35 米，胸径 90 厘米。分布在东北、内蒙古、山西、河北、新疆等。

木材加工、工艺性质：

干燥较慢，且易开裂和劈裂；早晚材性质差别大，干燥时常有沿年轮交界处轮裂现象；耐腐性强（但立木腐朽极严重），是针叶树材中耐腐性最强的树种之一，抗蚁性弱，能抗海生钻木动物危害，防腐浸注处理最难；多油眼；早晚材硬度相差很大，横向切削困难，但纵面颇光滑；油漆后光亮性好；胶粘性质中等；握钉力强，易劈裂。

木材利用：

因强度和耐腐性在针叶树材中均属较大，原木或原条比红杉类更适宜做坑木、枕木、电杆、木桩、篱柱、桥梁及柱子等。板材做房架、径锯地板、木槽、木梯、船舶、跳板、车梁、包装箱。亦可用于硫酸盐法制纸，幼龄材适于造纸。树皮可以浸提单宁。

参考用物理力学性质（参考地——东北小兴安岭）：

中文名称	密度（g/cm³）		干缩系数（%）			抗弯强度（MPa）	抗弯弹性模量（GPa）	顺纹抗压强度（MPa）	冲击韧性（kJ/m²）	硬度（MPa）		
	基本	气干	径向	弦向	体积					端面	径面	弦面
落叶松	—	0.641	0.169	0.398	0.588	111.078	14.216	56.471	48.020	36.961	—	—

硬木松（拉丁名：*Pinus* sp.）

木材解剖特征：

生长轮甚明显，早材至晚材急变。早材管胞横切面为方形及长方形，径壁具缘纹孔通常 1 列，圆形及椭圆形；晚材管胞横切面为长方形、方形及多边形，径壁具缘纹孔 1 列、形小、圆形。轴向薄壁组织缺如。木射线单列和纺锤形两类，单列射线通常 3 个～8 个细胞高；纺锤射线具径向树脂道，近道上下方射线细胞 2 列～3 列，射线管胞存在于上述两类射线中，位于上下边缘 1 列～2 列。上下壁具深锯齿状或犬牙状加厚，具缘纹孔明显、形小。射线薄壁细胞与早材管胞间交叉场纹孔式为窗格状 1 个～2 个，通常为 1 个，具轴向和横向树脂道，树脂道泌脂细胞壁薄，常含拟侵填体，径向树脂道比轴向树脂道小得多。

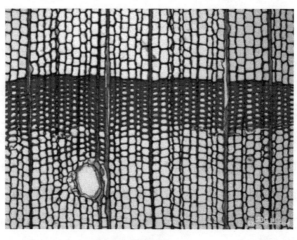

横切面

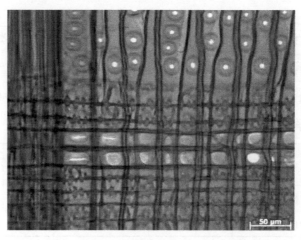

径切面

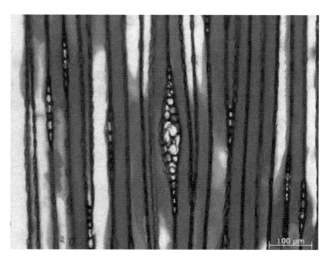

弦切面

树木及分布：

以油松为例：大乔木，高可达 25 米，胸径 2 米。分布在东北、内蒙古、西南、西北及黄河中下游。

木材加工、工艺性质：

纹理直或斜，结构粗或较粗，较不均匀，早材至晚材急变，干燥较快，板材气干时会产生翘裂；有一定的天然耐腐性，防腐处理容易。

木材利用：

可用作建筑、运动器械等。参考马尾松（马尾松：适于做造纸及人造丝的原料。过去福建马尾造船厂使用马尾松做货轮的船壳与龙骨等。目前大量用于包装工业以代替红松，经脱脂处理后质量更佳。原木或原条经防腐处理后，最适于做坑木、电杆、枕木、木桩等，并为工厂、仓库、桥梁、船坞等重型结构的原料。房屋建筑上如用作房架、柱子、搁栅、地板和里层地板、墙板等，应用室内防腐剂进行防腐处理，否则易受白蚁和腐木菌危害。通常用作卡车、电池隔电板、木桶、箱盒、橱柜、板条箱、农具及日常用具。运动器械方面有跳箱、篮球架等。原木适于做次等胶合板，南方多做火柴杆盒）。

参考用物理力学性质（参考地——湖南莽山）：

中文名称	密度（g/cm³）		干缩系数（%）			抗弯强度（MPa）	抗弯弹性模量（GPa）	顺纹抗压强度（MPa）	冲击韧性（kJ/m²）	硬度（MPa）		
	基本	气干	径向	弦向	体积					端面	径面	弦面
马尾松	0.510	0.592	0.187	0.327	0.543	77.843	11.765	36.176	44.394	41.373	31.569	35.294

6. 木柱局部倾斜测量

现场采用全站仪等测量部分木柱的倾斜程度，测量高度为 3000 毫米，测量结果见下表和图。表中"—"表示现场不具备测量条件，无法取得倾斜量数据；"/"表示仅单侧取得测量数据。图中柱构件上部倾斜量数值的标注内容中，红色数值代表倾斜量超出规范规定限值，数字的位置表示柱上端倾斜的方向。其中，受现场条件制约，部分木柱仅可进行单侧测量，参照类似木柱的收分情况进行计算。

依据北京市地方标准《古建筑结构安全性鉴定技术规范 第 1 部分：木结构》（DB11/T 1190.1-2015）附录 D 进行判定，规范中规定最大相对位移△ ≤ H/100（测量高度 H 为 3000 毫米时，H/100 为 30 毫米）且△ ≤ 80 毫米。

根据测量结果，现场有 7 根木柱的倾斜值不符合规范限值要求。

古建常规做法中，外檐柱一般均设置侧脚，使柱上端向内侧略倾斜。目前倾斜值超限的檐柱倾斜趋势基本正常，但倾斜程度过大。

目前该建筑大部分柱上端均向南侧倾斜，表明建筑局部向南侧倾斜。检查倾斜金柱与桃尖梁及穿插枋的节点，未发现存在明显拔榫现象。此倾斜变形在上次修缮时可能已经存在，近期并未继续发展，建议对倾斜程度较大的木柱变形进行实时监测，如发现存在进一步发展的趋势，应采取相应加固处理措施。

西南角亭木柱倾斜量现场检测数据表

序号	柱号	倾斜方向及倾斜量（毫米）			
		东	西	南	北
1	A-1	30	/	15	/
2	A-2	—	—	30	/
3	A-3	—			18
4	A-4	/	5	/	8
5	B-1	25		—	—
6	B-2		14	43	
7	B-3		2	6	
8	B-4	/	28	—	—
9	C-1		4	—	—

续表

序号	柱号	倾斜方向及倾斜量（毫米）			
		东	西	南	北
10	C-2		31	48	
11	C-3		13	15	
12	C-4	/	76	—	—
13	D-1	/	2	34	/
14	D-2	—	—	70	
15	D-3	—	—	50	
16	D-4	/	70	41	/

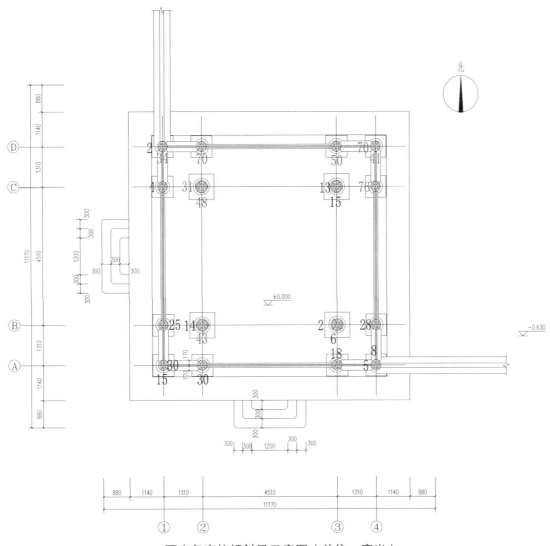

西南角亭柱倾斜量示意图（单位：毫米）

7. 台基相对高差测量

现场对柱础石上表面及外侧阶条石上表面的相对高差进行了测量，高差分布情况测量结果见后图。

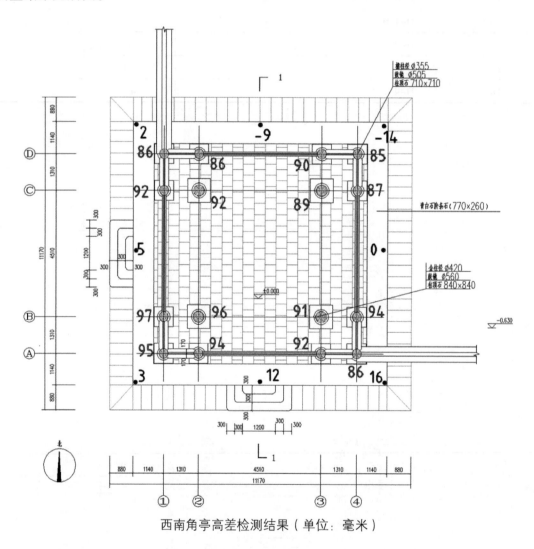

西南角亭高差检测结果（单位：毫米）

图中最外圈标注为西南角亭台明阶条石上表面的相对高度测量值，其余标注为西南角亭柱础上表面的相对高度测量值。

测量结果表明：

（1）西南角亭台明阶条石上表面存在一定高差，相对高度最低处位于建筑东北角，为–14毫米，相对高度最高处位于建筑东南角，为16毫米；最低处与最高处相差30

毫米。

（2）西南角亭柱础上表面存在一定高差，相对高度最低处为 D-4 柱柱础上表面，为 85 毫米；相对高度最高处为 B-1 柱柱础上表面，为 97 毫米；最低处与最高处相差 12 毫米。

由于结构初期可能存在施工偏差，此部分高差不完全是地基的沉降差，鉴于目前未发现结构存在因地基不均匀沉降而导致的墙体开裂等明显损坏现象，可暂不进行处理。

8. 结构安全性鉴定

8.1　评定方法和原则

根据《古建筑结构安全性鉴定技术规范》（DB11/T 1190.1-2015）第 1 部分：木结构，古建筑安全性鉴定分为构件、子单元、鉴定单元 3 个项目。首先根据构件各项目检查结果，判定单个构件安全性等级，然后根据子单元各项目检查结果及各种构件的安全性等级，判定子单元安全性等级，最后根据各子单元的安全性等级，判定鉴定单元安全性等级。

本次鉴定将委托鉴定的文物建筑列为一个鉴定单元，每个鉴定单元分为地基基础、上部承重结构及围护系统三个子单元，分别对其安全性进行评定。

8.2　子单元安全性鉴定评级

地基基础安全性评定

经检查，未发现地基基础存在影响上部结构安全的不均匀沉降裂缝和明显变形，因此，本鉴定单元地基基础的安全性评为 A_u 级。

上部承重结构安全性评定

（1）构件的安全性评定

木构件的安全性等级判定，应按承载能力、构造、不适于继续承载的位移（或变形）、裂缝、腐朽、虫蛀、天然缺陷、历次加固现状等检查项目，分别判定每一受检构件的等级，并取其中最低一级作为该构件的安全性等级。

1）木柱安全性评定

木柱构件均未发现存在明显变形、裂缝及腐朽等缺陷，均评为 a_u 级。

2）木梁架中构件安全性评定

1根花台梁随梁存在明显斜向裂缝，评为 c_u 级。

经统计评定，评定上部承重结构各构件的安全性等级为 B_u 级。

（2）结构整体性安全性评定

1）整体倾斜安全性评定

经测量，结构未发现存在明显整体倾斜，评为 B_u 级。

2）局部倾斜安全性评定

经测量，本结构所抽检木柱有 7 根倾斜值不符合规范限值要求，评为 C_u 级。

3）构件间的联系安全性评定

纵向连枋及其联系构件未发现存在明显松动，构架间的联系综合评为 A_u 级。

4）梁柱间的联系安全性评定

梁柱间节点未发现存在明显拔榫现象，梁柱间的联系综合评定为 A_u 级。

5）榫卯完好程度安全性评定

榫卯材质基本完好，榫卯完好程度综合评定为 A_u 级。

综合评定该单元上部承重结构整体性的安全性等级为 B_u 级。

综上，上部承重结构的安全性等级评定为 B_u 级。

围护系统安全性评定

围护系统主要包括自承重墙体、屋面等构件。

（1）砖墙安全性评定

砖墙安全性等级判定，应按风化、倾斜、裂缝 3 个项目检查，分别判定每一受检构件的等级，并取其中最低一级作为该构件的安全性等级。

经检测，北侧砖墙轻微风化，砖墙未发现存在明显开裂、变形等缺陷；该项目评定为 B_u 级。

（2）屋面安全性评定

屋面的安全性等级判定，应分别检查望板、灰泥背、瓦面、屋脊。

经检查，屋面局部长有杂草，瓦面项目评定为 B_u 级。

综合评定该单元围护系统的安全性等级为 B_u 级。

8.3　鉴定单元的鉴定评级

综合上述，根据《古建筑结构安全性鉴定技术规范 第 1 部分：木结构》（DB11/T 1190.1–2015），鉴定单元的安全性等级评为 B_{su} 级，安全性略低于本标准对 A_{su} 级的要求，尚不显著影响整体承载。有极少数构件应采取措施。

9. 处理建议

（1）建议对存在风化、开裂以及松动的阶条石及陡板石进行修复处理。

（2）建议对开裂的木梁进行修复处理，可采用嵌补的方式。

（3）建议对存在风化的墙体表面进行修复处理，并采取相应的化学保护措施。

（4）建议清理屋面杂草，对屋顶瓦件表面进行修补。

（5）建议对倾斜程度较大的木柱变形进行实时监测，如发现存在进一步发展的趋势，应采取相应加固处理措施。

（6）对该房屋涉及的结构修缮加固，建议委托具有资质的单位进行修缮加固设计，确保安全。

第七章 西北角亭结构安全检测鉴定

1. 建筑概况

1.1 建筑简况

西北角亭为重檐四角攒尖方亭建筑，面阔三间，进深三间。青琉璃瓦心，绿琉璃镶边。建筑台明长宽均为 35.13 米。建筑宝顶顶点标高 11.72 米。

角亭外围一圈檐柱，里围一圈金柱。檐柱直径 335 毫米，金柱直径 420 毫米。檐柱高 4.54 米，金柱高 7.33 米。角亭明间面阔 4.51 米，次间 1.31 米，通面阔 7.13 米。

角亭上下层檐斗拱层均采用五踩斗拱，上层构架采用抹角梁支撑的做法。

1.2 现状立面照片

西北角亭南立面

152

西北角亭西立面

西北角亭东立面

153

西北角亭北立面

1.3 建筑测绘图纸

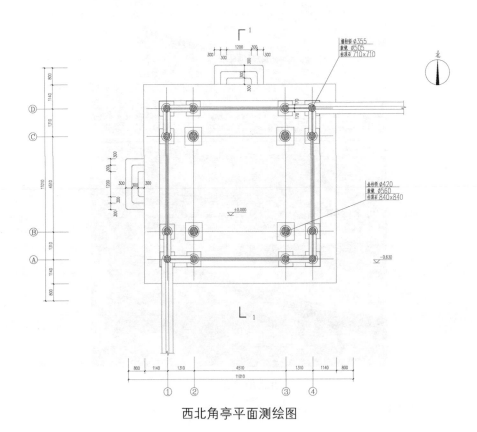

西北角亭平面测绘图

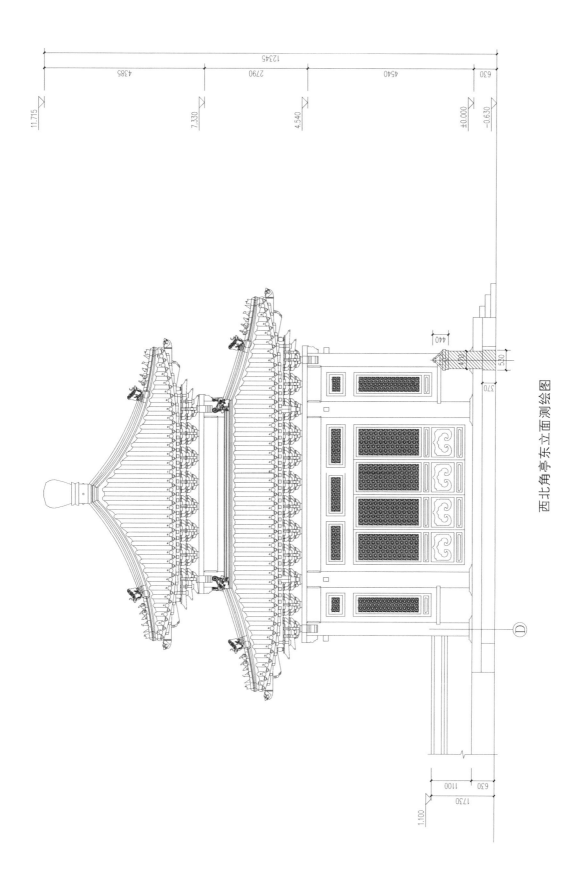

西北角亭东立面测绘图

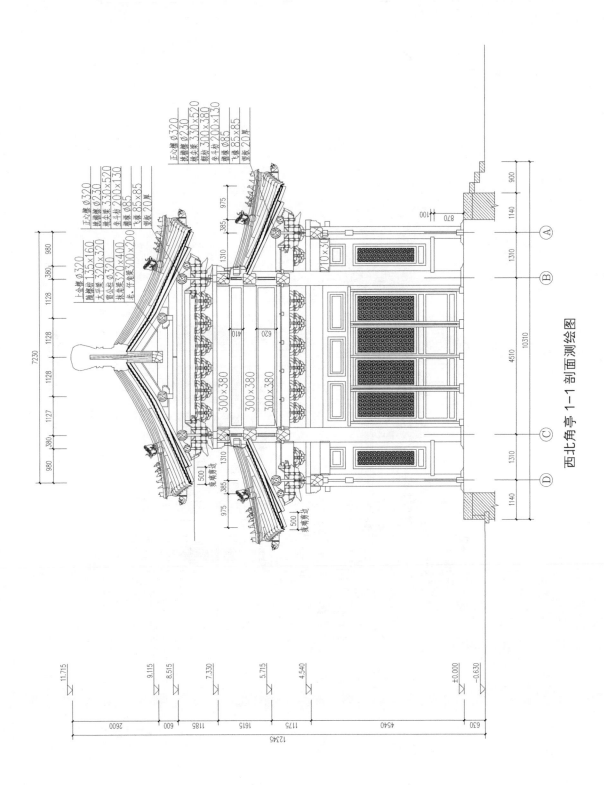

西北角亭 1-1 剖面测绘图

2. 地基基础雷达探查

采用地质雷达对结构地基基础进行探查。雷达天线频率为 300 兆赫，测试深度约为 1.5 米，雷达测线见示意图，详细测试结果见后图。

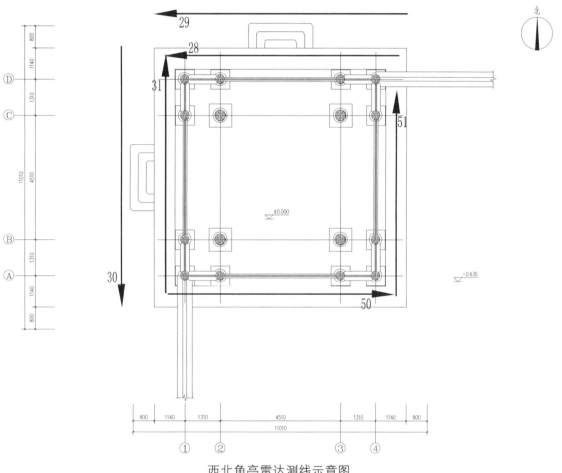

西北角亭雷达测线示意图

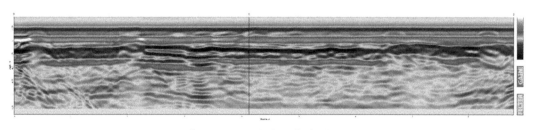

测线 28（西北角亭北侧室外台明）

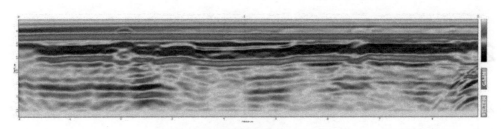

测线 31（西北角亭西侧室外台明）

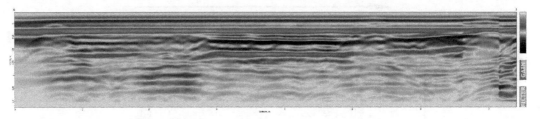

测线 50（西北角亭南侧室外台明）

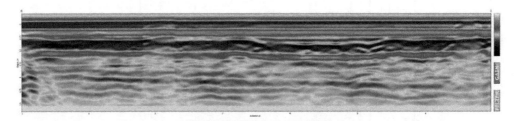

测线 51（西北角亭东侧室外台明）

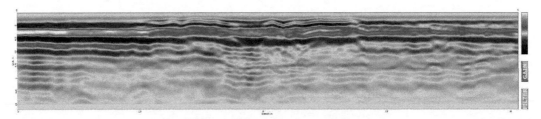

测线 29（西北角亭北侧室外地面）

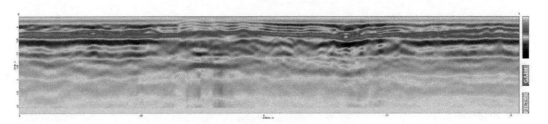

测线 30（西北角亭西侧室外地面）

由台明测线 28、31、50、51 可见，西北角亭台明上表面雷达反射波形态基本类似，相对比较杂乱，表明下方材质不够均匀，但未发现存在明显空洞等缺陷。

由室外地面测线 29、30 可见，西北角亭室外地面雷达反射波基本平直，室外地面下方均未发现存在明显空洞等缺陷。

由于地面无法开挖与雷达图像进行比对，解释结果仅作为参考。

3. 振动测试

现场使用 INV9580A 型超低频测振仪、Dasp-V11 数据采集分析软件对结构进行振动测试，测振仪放置在西北角亭 3 轴额枋上，主要测试结果如下表所示；同时测得结构水平最大响应为 0.02 毫米 / 秒。

西北角亭结构振动测试结果表

方向	自振频率（赫兹）
水平向	2

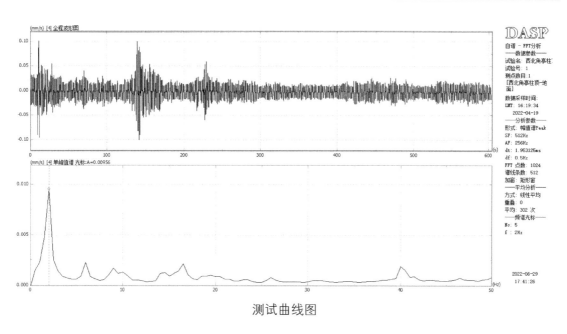

测试曲线图

振动频率与自身质量和刚度等因素有关，其中，建筑平面体型、墙体布置、结构内部损伤等因素会影响结构的刚度。

依据《古建筑防工业振动技术规范》（GB/T 50452-2008），古建筑木结构的水平固

有频率为 $f = \dfrac{1}{2\pi H}\lambda_j\phi = \dfrac{1}{2\times 3.14\times 7.33}\times 1.875\times 52 = 2.11$，结构水平向的实测频率为 2，基本一致。

根据《古建筑防工业振动技术规范》（GB/T 50452-2008），对于全国重点文物保护单位关于木结构顶层柱顶水平容许振动速度最高不能超过 0.18 毫米 / 秒～0.22 毫米 / 秒，本结构水平振动速度满足规范的限值要求。

4. 结构外观质量检查

4.1 地基基础

（1）经检查，结构未见因地基不均匀沉降而导致的明显裂缝和变形，建筑的地基基础承载状况基本良好。

（2）经检查，一处阶条石轻微松动，一处阶条石缝隙内长有杂树。

地基基础现状见后图。

南侧阶条石缝隙内长有杂树

北侧阶条石轻微松动

4.2　上部承重结构

对该房屋上部承重结构具备检查条件的构件进行了检查检测，主要检查结论如下：

（1）木梁架存在的主要缺陷情况有：个别梁、枋存在开裂。

（2）木柱存在的主要缺陷情况有：1）一根木柱上端竖向开裂，原有铁箍断裂；2）东侧木柱油饰明显脱落。

上部承重结构主要缺陷详细情况见后图。

东侧木柱油饰明显脱落

161

3-B 柱上端竖向开裂，20 毫米宽；原有铁箍断裂

南侧承椽枋斜向开裂，20 毫米宽

北侧花台梁随梁水平开裂，15 毫米宽

东南角下檐角梁水平开裂，15 毫米宽

屋架现状

屋架现状

4.3 围护系统

（1）经检查，屋面局部长有杂草。

（2）经检查，个别瓦片存在破碎。

围护结构现状缺陷照片见后图。

南侧上方屋面局部杂草

南侧下方屋面一处瓦片破碎，局部杂草

5. 木材材质状况勘察及树种鉴定

5.1 木材含水率检测结果

现场使用含水率检测仪检测木柱表面的含水率。经检测，西北角亭内各柱构件含水率在 1.4%–3.4% 之间，未见明显异常，含水率详细检测数据见下表。

西北角亭柱构件含水率检测数据表

序号	位置	柱底处	距柱底 0.3 米处
1	A–1	2.6	2.0
2	A–2	3.1	2.1
3	A–3	2.9	2.1
4	A–4	3.1	2.0
5	B–1	3.1	1.6
6	B–2	—	—
7	B–3	—	—
8	B–4	2.9	2.3
9	C–1	2.9	2.0
10	C–2	2.5	1.8
11	C–3	1.8	1.4
12	C–4	3.4	2.3
13	D–1	2.5	2.2
14	D–2	2.6	2.2
15	D–3	2.7	2.2
16	D–4	2.6	2.3

5.2 木材树种鉴定

（1）树种分析结果

树种鉴定按照《木材鉴别方法通则》（GB/T 29894–2013），采用宏观和微观识别相结合的方法。首先使用放大镜观察木材宏观特征，初步判定或区分树种；继而，在光学显微镜下观察木材的微观解剖特征，进一步判定和区分树种；最后，与正确定名的木材标本和光学显微切片进行比对，确定木材名称。经鉴定，取样木材为落叶松（*Larix* sp.），详细结果列表如下：

木材分析结果表

编号	构件位置及名称	树种名称	拉丁名
1	西北角亭 3–C 柱	落叶松	*Larix* sp.
2	西北角亭 2–3–C 轴承橡枋	落叶松	*Larix* sp.

（2）树种介绍、参考产地、显微照片及物理力学性质

落叶松（拉丁名：*Larix* sp.）

木材解剖特征：

生长轮明显，早材至晚材急变。早材管胞横切面为长方形，径壁具缘纹孔 1 列～2 列（2 列甚多）；晚材管胞横切面为方形及长方形，径壁具缘纹孔 1 列。轴向薄壁组织偶见。木射线具单列和纺锤形两类：①单列射线高 1 个～34 个细胞，多数 7 个～20 个细胞。②纺锤射线具径向树脂道。射线管胞存在于上述两类射线的上下边缘及中部，内壁锯齿未见，外缘波浪形。射线薄壁细胞水平壁厚。射线细胞与早材管胞间交叉场纹孔式为云杉型，少数杉木型，通常 4 个～6 个。树脂道轴向者大于径向，泌脂细胞壁厚。

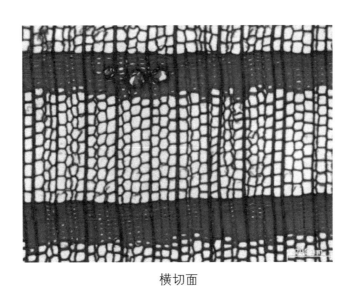

横切面

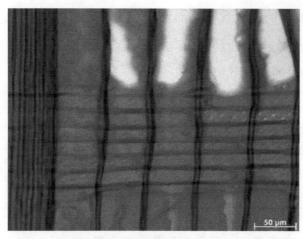

径切面

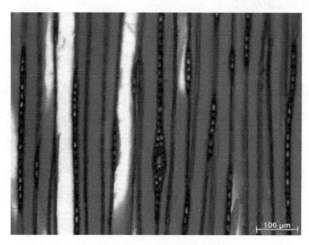

弦切面

树木及分布：

以落叶松为例：大乔木，高可达 35 米，胸径 90 厘米。分布在东北、内蒙古、山西、河北、新疆等。

木材加工、工艺性质：

干燥较慢，且易开裂和劈裂；早晚材性质差别大，干燥时常有沿年轮交界处轮裂现象；耐腐性强（但立木腐朽极严重），是针叶树材中耐腐性最强的树种之一，抗蚁性弱，能抗海生钻木动物危害，防腐浸注处理最难；多油眼；早晚材硬度相差很大，横向切削困难，但纵面颇光滑；油漆后光亮性好；胶粘性质中等；握钉力强，易劈裂。

木材利用：

因强度和耐腐性在针叶树材中均属较大，原木或原条比红杉类更适宜做坑木、枕木、电杆、木桩、篱柱、桥梁及柱子等。板材做房架、径锯地板、木槽、木梯、船舶、跳板、车梁、包装箱。亦可用于硫酸盐法制纸，幼龄材适于造纸。树皮可以浸提单宁。

参考用物理力学性质（参考地——东北小兴安岭）：

中文名称	密度（g/cm³）		干缩系数（%）			抗弯强度（MPa）	抗弯弹性模量（GPa）	顺纹抗压强度（MPa）	冲击韧性（kJ/m²）	硬度（MPa）		
	基本	气干	径向	弦向	体积					端面	径面	弦面
落叶松	—	0.641	0.169	0.398	0.588	111.078	14.216	56.471	48.020	36.961	—	—

6. 木柱局部倾斜测量

现场采用全站仪等测量部分木柱的倾斜程度，测量高度为 3000 毫米，测量结果见下表和图。表中"—"表示现场不具备测量条件，无法取得倾斜量数据；"/"表示仅单侧取得测量数据。图中对柱构件上部倾斜量数值进行了标注，数字的位置表示柱上端倾斜的方向。其中，受现场条件制约，部分木柱仅可进行单侧测量，参照类似木柱的收分情况进行计算。

依据北京市地方标准《古建筑结构安全性鉴定技术规范 第1部分：木结构》（DB11/T 1190.1–2015）附录 D 进行判定，规范中规定最大相对位移 △ ≤ H/100（测量高度 H 为 3000 毫米时，H/100 为 30 毫米）且 △ ≤ 80 毫米。

根据测量结果，现场有 7 根木柱的倾斜值不符合规范限值要求。

古建常规做法中，外檐柱一般均设置柱脚，使柱上端向内侧略倾斜。目前倾斜值超限的檐柱倾斜趋势基本正常，向内侧倾斜，对结构的整体稳定性有利。

西北角亭木柱倾斜量现场检测数据表

序号	柱号	倾斜方向及倾斜量（毫米）			
		东	西	南	北
1	A–1	18	/	/	25
2	A–2	—	—	/	50
3	A–3	—	—	/	30
4	A–4	/	20	/	25
5	B–1	28	/	—	/

续表

序号	柱号	倾斜方向及倾斜量（毫米）			
		东	西	南	北
6	B-2	—	—	—	—
7	B-3	—	—	—	—
8	B-4	/	51	—	—
9	C-1	15	—	—	—
10	C-2		9		1
11	C-3		18	10	
12	C-4		31	—	—
13	D-1	15	/	45	/
14	D-2	—	—	35	/
15	D-3	—	—	53	
16	D-4	/	30	41	/

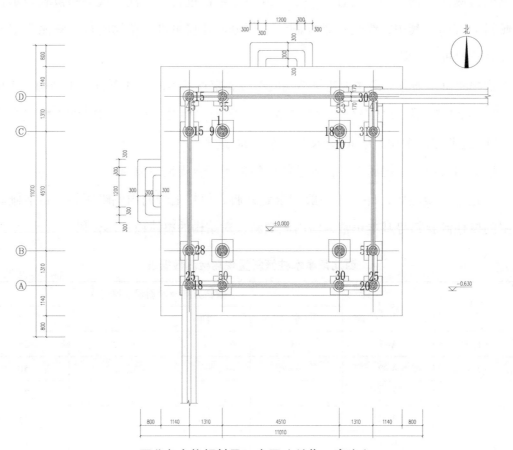

西北角亭柱倾斜量示意图（单位：毫米）

7. 台基相对高差测量

现场对柱础石上表面及外侧阶条石上表面的相对高差进行了测量，高差分布情况测量结果见后图。

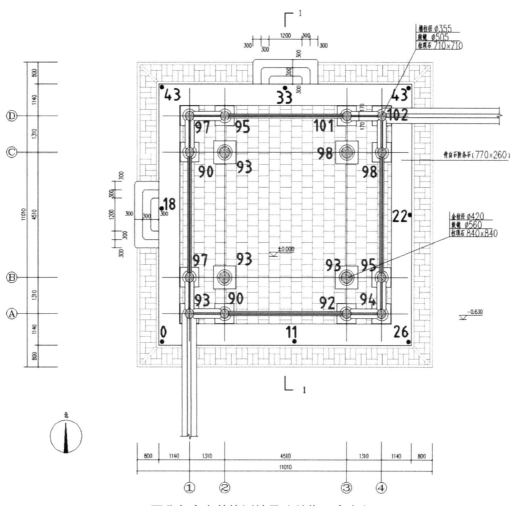

西北角亭高差检测结果（单位：毫米）

图中最外圈标注为东北角亭台明阶条石上表面的相对高度测量值，其余标注为东北角亭柱础上表面的相对高度测量值。

测量结果表明：

（1）西北角亭台明阶条石上表面存在一定高差，相对高度最低处位于建筑西南角，为 0 毫米，相对高度最高处位于建筑西北、东北角，为 43 毫米；最低处与最高处相差

43 毫米。

（2）西北角亭柱础上表面存在一定高差，相对高度最低处为 A-2、C-1 柱柱础上表面，为 90 毫米；相对高度最高处为 D-4 柱柱础上表面，为 102 毫米；最低处与最高处相差 12 毫米。

由于结构初期可能存在施工偏差，此部分高差不完全是地基的沉降差，鉴于目前未发现结构存在因地基不均匀沉降而导致的墙体开裂等明显损坏现象，可暂不进行处理。

8. 结构安全性鉴定

8.1 评定方法和原则

根据《古建筑结构安全性鉴定技术规范 第 1 部分：木结构》（DB11/T 1190.1–2015），古建筑安全性鉴定分为构件、子单元、鉴定单元 3 个项目。首先根据构件各项目检查结果，判定单个构件安全性等级，然后根据子单元各项目检查结果及各种构件的安全性等级，判定子单元安全性等级，最后根据各子单元的安全性等级，判定鉴定单元安全性等级。

本次鉴定将委托鉴定的文物建筑列为一个鉴定单元，每个鉴定单元分为地基基础、上部承重结构及围护系统三个子单元，分别对其安全性进行评定。

8.2 子单元安全性鉴定评级

地基基础安全性评定

经检查，未发现地基基础存在影响上部结构安全的不均匀沉降裂缝和明显变形，因此，本鉴定单元地基基础的安全性评为 A_u 级。

上部承重结构安全性评定

（1）构件的安全性评定

木构件的安全性等级判定，应按承载能力、构造、不适于继续承载的位移（或变形）、裂缝、腐朽、虫蛀、天然缺陷、历次加固现状等检查项目，分别判定每一受检构件的等级，并取其中最低一级作为该构件的安全性等级。

1）木柱安全性评定

1 根木柱上端竖向开裂，原有铁箍断裂，评为 c_u 级；其他木柱未发现存在明显变形、裂缝及腐朽等缺陷，均评为 b_u 级。

经统计评定，柱构件的安全性等级为 B_u 级。

2）木梁架中构件安全性评定

1 根梁构件明显开裂，1 根枋构件明显开裂，评为 c_u 级；1 根梁构件存在开裂，评为 b_u 级；其他木构件未发现存在明显变形、裂缝及腐朽等缺陷，均评为 a_u 级。

经统计评定，梁构件的安全性等级为 B_u 级。

（2）结构整体性安全性评定

1）整体倾斜安全性鉴定

经测量，结构未发现存在明显整体倾斜，评为 A_u 级。

2）局部倾斜安全性鉴定

经测量，本结构所抽检木柱有 7 根倾斜值不符合规范限值要求，但基本符合古建的侧脚做法，评为 B_u 级。

3）构件间的联系安全性鉴定

纵向连枋及其联系构件未出现明显松动，构架间的联系综合评为 A_u 级。

4）梁柱间的联系安全性鉴定

梁柱间节点未发现存在拔榫，梁柱间的联系综合评定为 A_u 级。

5）榫卯完好程度安全性鉴定

榫卯材质基本完好，榫卯完好程度综合评定为 A_u 级。

综合评定该单元上部承重结构整体性的安全性等级为 A_u 级。

综上，上部承重结构的安全性等级评定为 B_u 级。

围护系统安全性评定

围护系统主要包括自承重墙体、屋面等构件。

（1）砖墙安全性评定

砖墙安全性等级判定，应按风化、倾斜、裂缝 3 个项目检查，分别判定每一受检构件的等级，并取其中最低一级作为该构件的安全性等级。

经检测，砖墙未发现存在明显开裂、变形等缺陷；该项目评定为 A_u 级；

（2）屋面安全性评定

屋面的安全性等级判定，应分别检查望板、灰泥背、瓦面、屋脊。

经检查，屋面局部长有杂草，个别瓦片存在破碎，瓦面项目评定为 B_u 级。

综合评定该单元围护系统的安全性等级为 B_u 级。

8.3 鉴定单元的鉴定评级

综合上述，根据《古建筑结构安全性鉴定技术规范 第 1 部分：木结构》（DB11/T 1190.1–2015），鉴定单元的安全性等级评为 B_{su} 级，安全性略低于本标准对 A_{su} 级的要求，尚不显著影响整体承载。有极少数构件应采取措施。

9. 处理建议

（1）建议对存在松动的阶条石进行修复处理，清理台明杂树。

（2）建议对开裂程度相对较大的木构件进行修复加固处理。

（3）建议对铁箍断裂的开裂木柱进行修复加固处理。

（4）建议修复木柱油饰。

（5）建议清理屋面杂草，对破碎的瓦片进行修复处理。

（6）对该房屋涉及的结构修缮加固，建议委托具有资质的单位进行修缮加固设计，确保安全。

第八章 东牌楼结构安全检测鉴定

1. 建筑概况

1.1 建筑简况

东牌楼形制为三间四柱七楼。重昂五踩琉璃斗拱。屋面歇山顶，黄琉璃瓦心，绿琉璃镶边。台基长 15.25 米，宽 3.17 米。

牌楼明间面阔 4.83 米，两次间面阔 4.2 米，夹杆石外皮至外皮通面阔 14.09 米。牌楼的明间高 11.76 米，次间高 10.53 米。各间有石券门一座：明间门宽 2.43 米，券顶高 3.775 米；次间门宽 2.00 米，券顶高 3.475 米。券下设须弥座。各间琉璃柱下有夹杆。

参照刘敦桢《牌楼算例》，琉璃牌楼一般在墙壁内部安装二根中柱、二根边柱及三根万年枋，形成牌楼的骨架，以上柱枋均采用柏木。在夹杆石、须弥座以及券门的上部砌筑城砖，并将琉璃瓦件贴装在砌体砖上，不贴琉璃的部位，抹饰红灰提浆。

1.2 现状立面照片

东牌楼东立面

东牌楼西立面

东牌楼南立面

东牌楼北立面

1.3　建筑测绘图纸

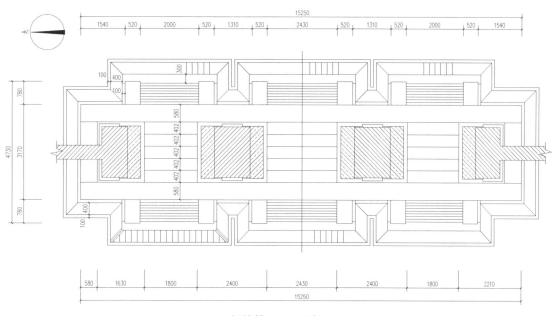

东牌楼平面测绘图

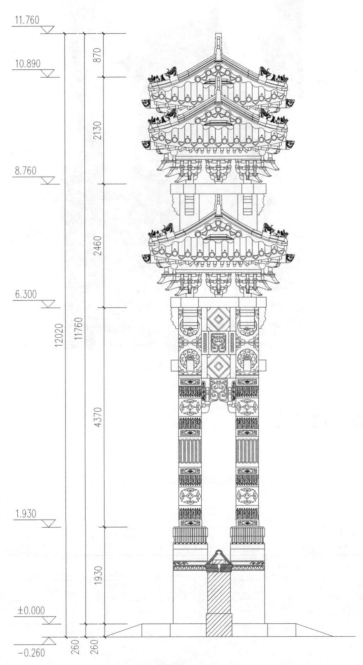

11.760

10.890

870

2130

8.760

2460

6.300

12020

11760

4370

1.930

1930

±0.000

260 260

-0.260

东牌楼侧立面测绘图

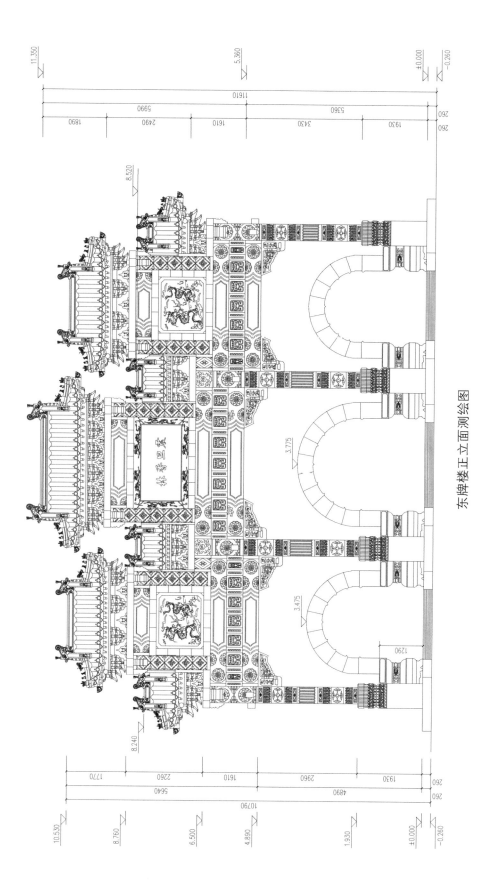

东牌楼正立面测绘图

179

2. 地基基础雷达探查

采用地质雷达对结构地基基础进行探查。雷达天线频率为300兆赫，测试深度约为1.5米，雷达测线见示意图，详细测试结果见后图。

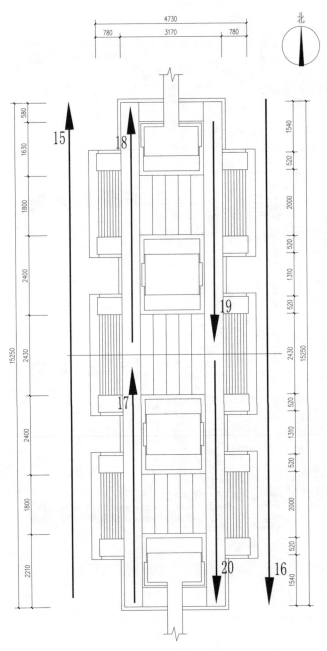

东牌楼雷达测线示意图

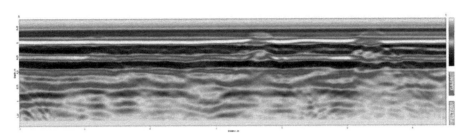

测线 17（东牌楼西侧台明）

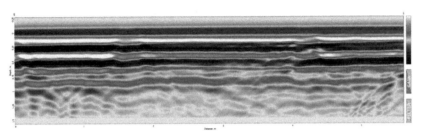

测线 18（东牌楼西侧台明）

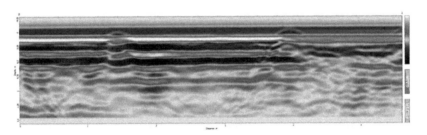

测线 19（东牌楼东侧台明）

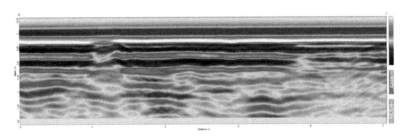

测线 20（东牌楼东侧台明）

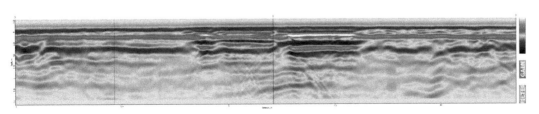

测线 15（东牌楼西侧地面）

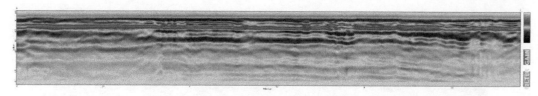

测线16（东牌楼东侧地面）

由台基测线17～20可见，东牌楼台基上表面雷达反射波形态基本平直连续，下方未发现存在明显空洞等缺陷。

由室外地面测线15、16可见，东牌楼室外地面雷达反射波形态基本平直连续，下方未发现存在明显空洞等缺陷。

由于地面无法开挖与雷达图像进行比对，解释结果仅作为参考。

3. 结构外观质量检查

3.1 地基基础

经检查，结构未见因地基不均匀沉降而导致的明显裂缝和变形，建筑的地基基础承载状况基本良好。

地基基础现状见后图。

东侧台基现状

西侧台基现状

3.2 上部承重结构

对该房屋上部承重结构具备检查条件的构件进行了检查检测，主要检查结论如下：

（1）牌楼砖砌体墙未发现存在受力裂缝、局部鼓闪等明显缺陷，承载状况正常。

（2）券石局部存在风化剥落。

（3）琉璃构件多处出现局部断裂破碎。

（4）一处琉璃构件替换为木构件。

（5）墙体油饰多处存在脱落。

琉璃构件现状见后图。

琉璃构件多处出现局部断裂破碎

西南角一处琉璃构件掉角

南侧用木构件替换琉璃构件

东南角一处琉璃构件掉角

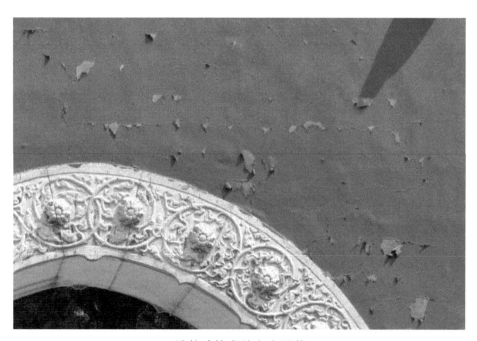

墙体油饰多处存在脱落

明间券石局部存在风化剥落

3.3 围护系统

（1）经检查，屋檐局部琉璃构件断裂掉落。

围护结构现状见后图。

北部上侧屋檐角梁处琉璃构件断裂

西立面北部一处望板局部断裂

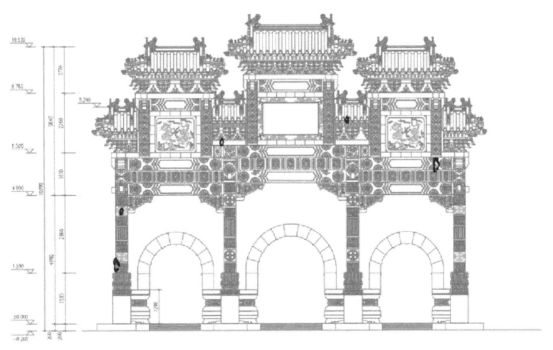

东牌楼琉璃构件破损位置示意图——东立面

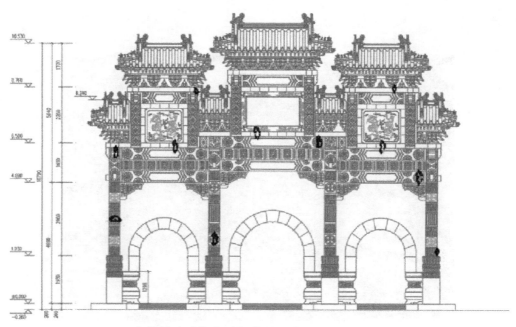

东牌楼琉璃构件破损位置示意图——西立面

4.构件变形测量

（1）砖墙局部倾斜测量

现场采用全站仪等测量墙体两侧的侧向变形情况，测量高度为 3000 毫米，测量结果见后图。

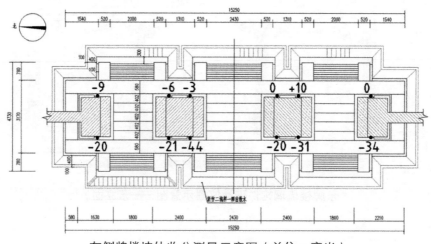

东侧牌楼墙体收分测量示意图（单位：毫米）

图中"－"代表墙体上端内收，"+"代表墙体上端外倾。

测量结果表明：

东牌楼墙体西立面均存在内收，收分量在 20 毫米至 44 毫米之间；东立面除南部一处外倾 10 毫米外，其余测点均内收，收分量在 0 毫米至 9 毫米之间。最大倾斜值为 44 毫米，最大倾斜率为 1.5%（内收）。依据《古建筑砖石结构维修与加固技术规范》（GB/T 39056–2020）第 B.1.1.3 条，墙体倾斜率限值为 4%，满足规范要求。

由于结构初期可能存在施工偏差，墙体外倾值不完全是墙体的变形，鉴于目前未发现结构存在因外倾而导致的墙体开裂等明显损坏现象，可暂不进行处理。

（2）檐部侧向位移测量

现场采用全站仪测量檐部侧向变形情况，测点 1 位于牌楼次楼端部上檐的中间部位，测点 2 位于宇墙上部的中间部位，测点见示意图，测量结果见下表。

牌楼整体侧向位移检测结果表（毫米）

测点	南端	北端
测点 1	140 偏东	183 偏东
测点 2	0	0

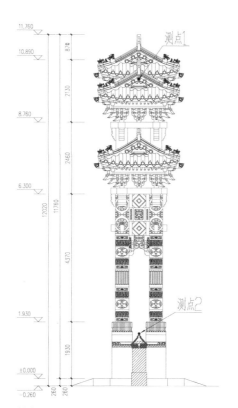

牌楼侧向位移测点示意图（单位：毫米）

测点 1 位于次楼上檐，不是承重结构主体，构件也未产生裂缝及其他局部损坏迹象。鉴于墙体厚度为 2000 毫米，此偏差值对结构的偏心影响较小。后期可以对其进行定期观测。

5. 台基相对高差测量

现场对台明上表面及须弥座的上表面的相对高差进行了测量，测量位置见示意图。高差分布情况测量结果见后图。

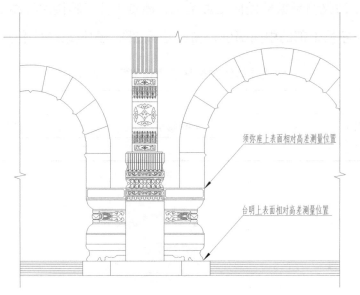

相对高差测量位置示意图

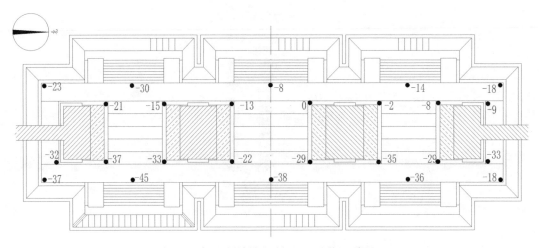

台明上表面高差检测结果（单位：毫米）

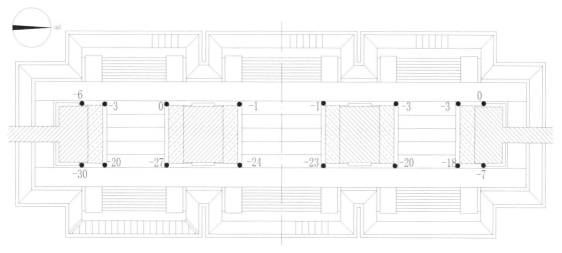

须弥座上表面高差检测结果（单位：毫米）

测量结果表明：

（1）台明上表面存在一定高差，相对高度最低处位于建筑东南侧，为–45毫米，相对高度最高处位于建筑西侧中间部位，为0毫米；最低处与最高处相差45毫米。须弥座底部台明呈现东侧相对较低的趋势。

（2）须弥座上表面存在一定高差，相对高度最低处位于建筑东南角，为–30毫米；相对高度最高处位于西北角及西侧南部，为0毫米；最低处与最高处相差30毫米。须弥座上表面明显呈现东侧相对较低的趋势，与下方台明高差情况基本一致，表明结构东侧存在一定的沉降。

由于结构初期可能存在施工偏差，此部分高差不完全是地基的沉降差，鉴于目前未发现结构存在因地基不均匀沉降而导致的墙体开裂等明显损坏现象，可暂不进行处理。

6. 结构安全性评估

6.1 评定方法和原则

依据《古建筑砖石结构维修与加固技术规范》（GB/T 39056-2020）对本结构进行安全性评估。依据 GB/T 39056-2020 第6.2条，安全性评估分为两级评估。第一级评估应以外观损伤等宏观控制和构造鉴定为主进行综合评定，第二级评估应以承载能力验算为主进行综合评定。

6.2 结构安全性第一级评估

地基基础第一级评估

经检查，地基不均匀沉降大于 0.4%，但未发现上部结构存在不均匀沉降引起的裂缝、变形、位移及其他损坏现象，因此，本鉴定单元地基基础的安全性评为 B1 级。

主体结构第一级评估

（1）主体结构构件评估

依据 GB/T 39056-2020 第 6.3.1 条，主体结构的安全性评估等级判定，应按酥碱风化、变形、裂缝和构造等四个检查项目评定。

1）酥碱风化评估

经检测，本结构承重构件未发现存在明显酥碱风化，酥碱风化项均评为 a1 级。

2）变形评估

经测量，墙体存在轻微倾斜，倾斜率均小于 4%，变形项均评为 a1 级。

3）裂缝评估

经检测，未发现墙体存在明显裂缝，裂缝项评为 a1 级。

4）构造评估

经检测，牌楼连接及砌筑方式基本正确，构造符合要求，存在轻微缺陷，琉璃构件局部存在开裂等现象，工作无明显异常，牌楼构造项评为 b1 级。

综上，根据 GB/T 39056-2020 第 B.1.2.4 条，评定主体结构构件第一级安全性评估等级为 B1 级。

（2）主体结构整体评估

经检测，牌楼结构体系及布置基本合理，传力路线设计基本正确，牌楼整体性评估等级为 A1 级。

（3）主体结构侧向位移评估

经测量，主体结构存在侧向位移，超过规范限值要求，但构件未出现裂缝、变形或其他局部损坏迹象，牌楼侧向位移评为 B1 级。

综上，根据 GB/T 39056-2020 第 B.1.2.3 条，评定主体结构第一级安全性评估等级为 B1 级。

围护系统第一级评估

围护系统主要包括琉璃屋盖。依据 GB/T 39056-2020 第 6.3.1 条，围护系统的安全性评估等级判定，应按功能现状、构造连接等两个检查项目评定。

（1）功能现状评估

经检测，屋盖有轻微缺陷，但尚不显著影响其功能，功能现状项均评为 B1 级。

（2）构造连接评估

经测量，屋盖构造合理，连接方式正确，构件选型及布置基本合理，无明显变形，工作无异常，仅局部有损坏，对主体结构有较轻的不利影响，构造连接项均评为 B1 级。

综上，根据 GB/T 39056-2020 第 B.1.2.3 条，评定围护系统第一级安全性评估等级为 B1 级。

整体结构第一级评估

综合上述，根据《古建筑砖石结构维修与加固技术规范》（GB/T 39056-2020）第 B.1.3 条，牌楼的第一级安全性等级评为 Ⅱ 级。

6.3　结构安全性第二级评估

构件第二级评估

依据《古建筑砖石结构维修与加固技术规范》（GB/T 39056-2020）第 B.2.1.1 条，对牌楼进行承载力验算。由于四座牌楼的结构形式完全一致，本次承载力计算结果也适用于其他牌楼。

（1）力学模型

本次采用 ANSYS 软件进行有限元模拟分析。牌楼模型主要由石券及砖墙砌体组成，数值计算模型按照牌楼的实际尺寸建模，上部屋顶简化为墙体布置。

采用单元类型为 SOLID186 建立三维结构模型。石材的弹性模量为 $46 \times 10^9 Pa$，泊松系数为 0.3，密度为 $2800 kg/m^3$。砖墙的弹性模量为 $0.93 \times 10^9 Pa$，泊松系数为 0.15，密度为 $1700 kg/m^3$。

牌楼有限元计算模型见后图。

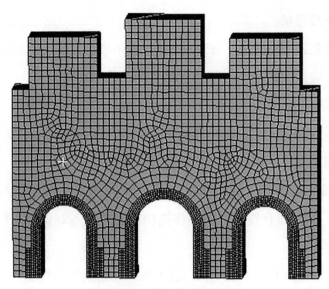

牌楼三维结构模型示意图

（2）计算荷载

1）活载：依据《建筑结构荷载规范》（GB 50009-2012），按不上人屋面取 0.5kN/m²。

2）风荷载：依据《建筑结构荷载规范》（GB 50009-2012），考虑到建筑的重要性，取 100 年重现期的基本风压 0.50kN/m²。

3）雪荷载：依据《建筑结构荷载规范》（GB 50009-2012），考虑到建筑的重要性，取 100 年重现期的基本雪压 0.45kN/m²。

（3）计算结果

1）经计算，石券结构最大变形为 0.1044 毫米，第一主应力最大压应力为 0.81 兆帕，最大压应力区在拱顶部位。

参照类似汉白玉物理力学性能参数，汉白玉石材的抗压强度为 80 兆帕～120 兆帕；抗拉强度标准值为 6 兆帕～10 兆帕。考虑重要系数及长期荷载作用等调整系数后，构件的结构抗力与荷载效应之比均大于 1.0，满足承载力要求。

2）经计算，砖墙结构最大变形为 1.31 毫米，第一主应力最大压应力为 0.06 兆帕，最大压应力区在拱顶上部区域。

由于现场不具备砖及灰浆的检测条件，本次取 GBJ3-1988《砌体结构设计规范》中强度设计值最低砖强度等级（MU7.5），砂浆强度为 0 时，砌体的抗压强度设计值为 0.61 兆帕，考虑重要系数及长期荷载作用等调整系数后，构件的结构抗力与荷载效应之比均大于 1.0，满足承载力要求。

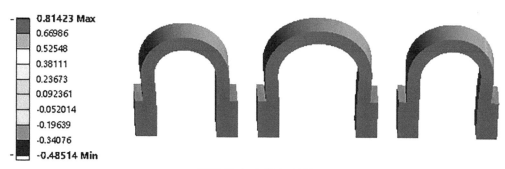

B: Static Structural
Maximum Principal Stress
Type: Maximum Principal Stress
Unit: MPa
Time: 1
2022/6/5 22:12

0.81423 Max
0.66986
0.52548
0.38111
0.23673
0.092361
-0.052014
-0.19639
-0.34076
-0.48514 Min

石券最大主应力云图

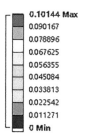

B: Static Structural
Total Deformation
Type: Total Deformation
Unit: mm
Time: 1
2022/6/5 16:26

0.10144 Max
0.090167
0.078896
0.067625
0.056355
0.045084
0.033813
0.022542
0.011271
0 Min

石券总变形云图

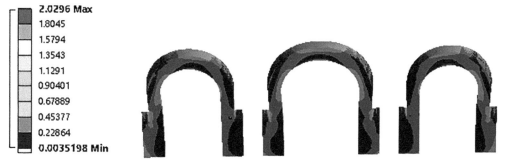

B: Static Structural
Equivalent Stress
Type: Equivalent (von-Mises) Stress
Unit: MPa
Time: 1
2022/6/6 18:45

2.0296 Max
1.8045
1.5794
1.3543
1.1291
0.90401
0.67889
0.45377
0.22864
0.0035198 Min

石券等效应力云图

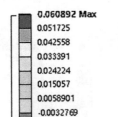
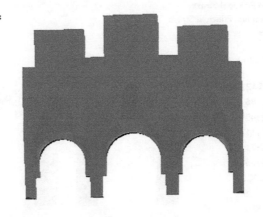

砖墙最大主应力云图

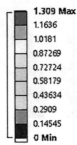

砖墙总变形云图

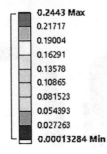

砖墙等效应力云图

6.4　结构整体安全性评估

综合地基基础、上部结构、围护系统的安全性评估结果，根据《古建筑砖石结构维修与加固技术规范》（GB/T 39056-2020）第 B.2.3 节，综合评定该结构的安全性等级为二级，整体安全性不符合一级的要求，尚不显著影响整体承载。

7. 处理建议

（1）建议对存在风化剥落的券石进行修复处理，并采取化学保护措施。

（2）建议对存在破碎、断裂及掉落的琉璃构件进行修复处理。

（3）建议将替换为木构的琉璃构件恢复原样。

（4）建议对墙体抹灰进行修复处理。

（5）对该建筑涉及的结构修缮加固，建议委托具有资质的单位进行修缮加固设计，确保安全。

第九章 南牌楼结构安全检测鉴定

1. 建筑概况

1.1 建筑简况

南牌楼形制为三间四柱七楼。重昂五踩琉璃斗拱。屋面歇山顶，黄琉璃瓦心，绿琉璃镶边。台基长 15.25 米，宽 3.17 米。

牌楼明间面阔 4.83 米，两次间面阔 4.2 米，夹杆石外皮至外皮通面阔 14.09 米。牌楼的明间高 11.76 米，次间高 10.53 米。各间有石券门一座：明间门宽 2.43 米，券顶高 3.775 米；次间门宽 2.00 米，券顶高 3.475 米。券下设须弥座。各间琉璃柱下有夹杆。

参照刘敦桢《牌楼算例》，琉璃牌楼一般在墙壁内部安装二根中柱、二根边柱及三根万年枋，形成牌楼的骨架，以上柱枋均采用柏木。在夹杆石、须弥座以及券门的上部砌筑城砖，并将琉璃瓦件贴装在砌体砖上，不贴琉璃的部位，抹饰红灰提浆。

1.2 现状立面照片

南牌楼南立面

南牌楼北立面

南牌楼东立面

1.3 建筑测绘图纸

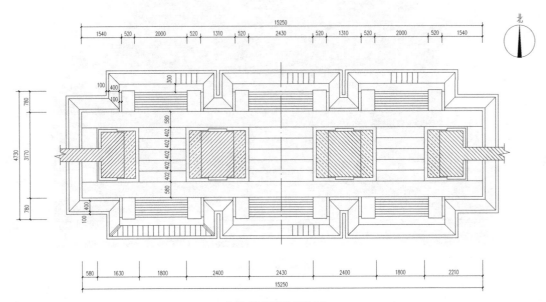

南牌楼平面测绘图

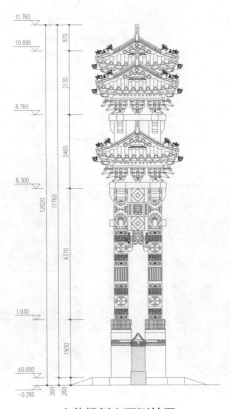

南牌楼侧立面测绘图

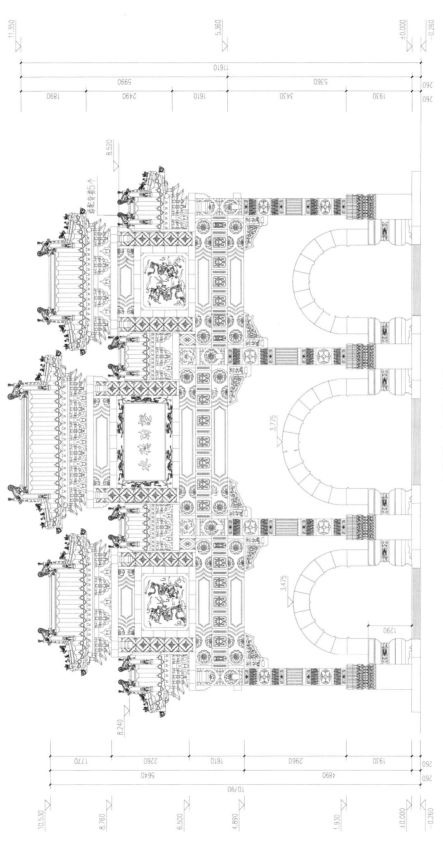

南牌楼正立面测绘图

201

2. 地基基础雷达探查

采用地质雷达对结构地基基础进行探查。雷达天线频率为 300 兆赫，测试深度约为 1.5 米，雷达测线见示意图，详细测试结果见后图。

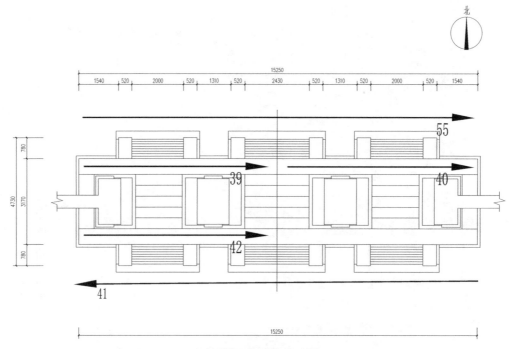

南牌楼雷达测线示意图

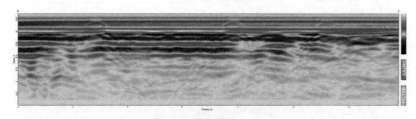

测线 39（南牌楼北侧台明）

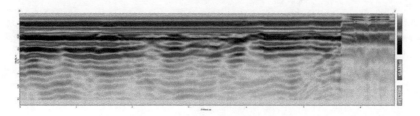

测线 40（南牌楼北侧台明）

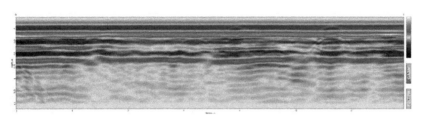

测线 42（南牌楼南侧台明）

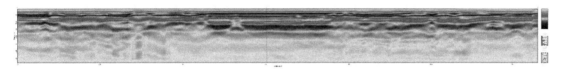

测线 41（南牌楼南侧地面）

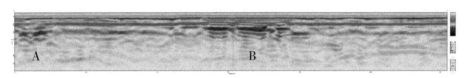

测线 55（南牌楼北侧地面）

由台基测线 39、40、42 可见，南牌楼台基上表面雷达反射波形态基本平直连续，下方未发现存在明显空洞等缺陷。

由室外地面测线 41、55 可见，南牌楼北侧室外地面的西部（A 点）和中间部位（B 点）雷达反射波存在强反射，此异常性质可能是局部疏松所致。

由于地面无法开挖与雷达图像进行比对，解释结果仅作为参考。

3. 结构外观质量检查

3.1 地基基础

（1）经检查，西北侧阶条石明显外闪，阶条石之间裂隙宽度 50 毫米。

（2）经检查，两处阶条石存在明显断裂，局部阶条石存在明显风化。

（3）经检查，牌楼主体结构未见因地基不均匀沉降而导致的明显裂缝。

地基基础现状见后图。

西北侧阶条石明显外闪，阶条石之间裂隙宽度 50 毫米

西侧阶条石断裂

东侧阶条石断裂

须弥座下方局部阶条石存在明显风化

南侧台基现状

北侧台基现状

3.2　上部承重结构

对该房屋上部承重结构具备检查条件的构件进行了检查检测，主要检查结论如下：

（1）牌楼砖砌体墙未发现存在受力裂缝、局部鼓闪等明显缺陷，承载状况正常。

（2）琉璃构件多处局部断裂破碎，个别琉璃构件存在明显风化剥落。

（3）墙面油饰多处存在脱落。

（4）北立面一处琉璃构件缺失。

上部承重结构现状见后图。

个别琉璃构件存在明显风化剥落，墙面油饰多处存在脱落，
琉璃构件多处存在局部断裂破碎

北立面一处琉璃构件缺失

3.3 围护系统

（1）经检查，北侧屋檐望板及椽条多处断裂，南侧斗拱一处昂头断裂。

（2）经检查，北侧屋面上长有杂草。

（3）经检查，南侧屋檐局部存在脱釉。

围护结构现状见后图。

北侧屋檐望板及椽条多处断裂

南侧斗拱一处昂头断裂

北侧屋面上长有杂草

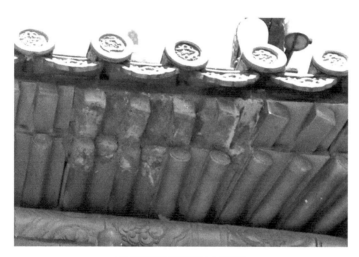

南侧屋檐局部存在脱釉

南侧屋檐望板局部开裂

南牌楼琉璃构件破损位置示意图——北立面

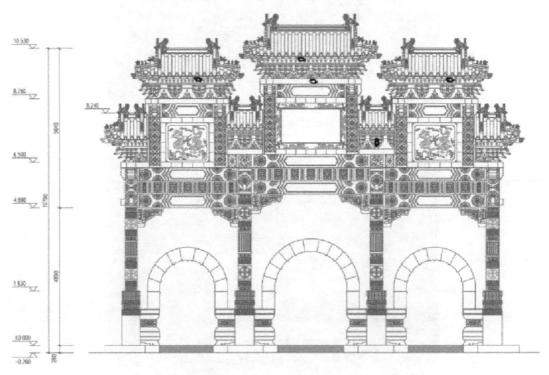

南牌楼琉璃构件破损位置示意图——南立面

4. 构件变形测量

4.1　砖墙局部倾斜测量

现场采用全站仪等测量墙体两侧的侧向变形情况，测量高度为 3000 毫米，测量结果见后图。

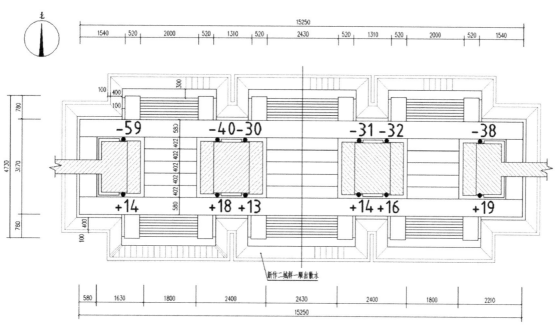

南侧牌楼墙体收分测量示意图（单位：毫米）

图中"－"代表墙体上端内收，"＋"代表墙体上端外倾。

测量结果表明：

南牌楼墙体北立面均存在内收，收分量在 30 毫米至 59 毫米之间；南立面均存在外倾，外倾量在 13 毫米至 19 毫米之间。

该牌楼墙体存在上端向南侧倾斜的趋势，经计算，墙体平均倾斜量为 27 毫米，平均倾斜率为 0.9%（外倾）。依据《古建筑砖石结构维修与加固技术规范》（GB/T 39056–2020）第 B.1.1.3 条，墙体倾斜率限值为 4%，满足规范要求。

4.2　檐部侧向位移测量

现场采用全站仪测量檐部侧向变形情况，测点 1 位于牌楼次楼端部上檐的中间部位，测点 2 位于宇墙上部的中间部位，测点 3 位于边楼下檐斗拱底部的中间部位，测点见示意图，测量结果见下表。

牌楼整体侧向位移检测结果表（毫米）

测点	西端	东端
测点 1	135 偏南	118 偏南
测点 2	0	0
测点 3	52 偏南	/

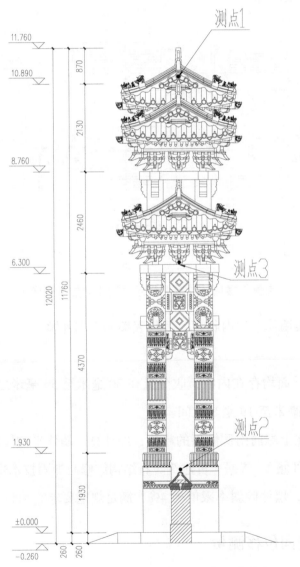

牌楼侧向位移测点示意图（单位：毫米）

测点 1 位于次楼上檐，不是承重结构主体，构件也未产生裂缝及其他局部损坏迹象。鉴于墙体厚度为 2000 毫米，此偏差值对结构的偏心影响较小。后期可以对其进行定期观测。

5. 台基相对高差测量

现场对台明上表面及须弥座的上表面的相对高差进行了测量，测量位置见示意图，高差分布情况测量结果见后图。

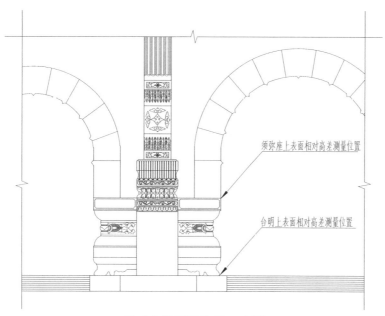

相对高差测量位置示意图

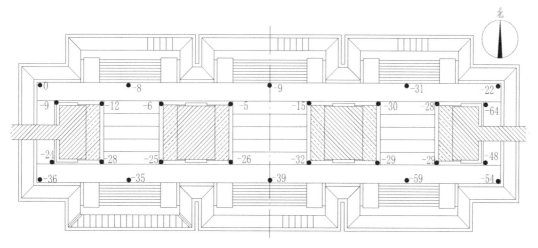

台明上表面高差检测结果（单位：毫米）

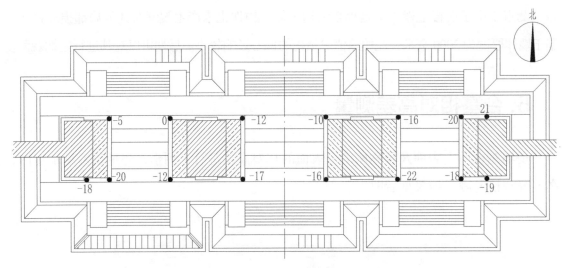

须弥座上表面高差检测结果（单位：毫米）

测量结果表明：

（1）台明上表面存在一定高差，相对高度最低处位于建筑东北角处，为–64毫米（此处阶条石断裂塌陷），另外东南角处也较低，相对高度最高处位于建筑西北角，为0毫米；最低处与最高处相差64毫米。台明上表面呈现南侧及东侧相对较低的趋势。

（2）须弥座上表面存在一定高差，相对高度最低处位于建筑东侧，为–22毫米；相对高度最高处位于西北角处，为0毫米；最低处与最高处相差22毫米。须弥座上表面明显呈现南侧及东侧相对较低的趋势，与下方台明高差情况基本一致，表明结构东侧及南侧存在一定的沉降。

由于结构初期可能存在施工偏差，此部分高差不完全是地基的沉降差，鉴于目前未发现结构存在因地基不均匀沉降而导致的墙体开裂等明显损坏现象，可暂不进行处理。

6. 结构安全性评估

6.1 评定方法和原则

依据《古建筑砖石结构维修与加固技术规范》（GB/T 39056-2020）对本结构进行安全性评估。依据 GB/T 39056-2020 第 6.2 条，安全性评估分为两级评估。第一级评估应以外观损伤等宏观控制和构造鉴定为主进行综合评定，第二级评估应以承载能力验算为主进行综合评定。

6.2　结构安全性第一级评估

地基基础第一级评估

经检查，地基不均匀沉降大于 0.4%，但未发现上部结构存在不均匀沉降引起的裂缝、变形、位移及其他损坏现象，因此，本鉴定单元地基基础的安全性评为 B1 级。

主体结构第一级评估

（1）主体结构构件评估

依据 GB/T 39056-2020 第 6.3.1 条，主体结构的安全性评估等级判定，应按酥碱风化、变形、裂缝和构造等四个检查项目评定。

1）酥碱风化评估

经检测，本结构个别琉璃构件存在明显风化剥落，但未超过 5% 规范限值，酥碱风化项均评为 a1 级。

2）变形评估

经测量，墙体存在整体倾斜，倾斜率小于 4%，变形项均评为 a1 级。

3）裂缝评估

经检测，未发现墙体存在明显裂缝，裂缝项评为 a1 级。

4）构造评估

经检测，牌楼连接及砌筑方式基本正确，构造符合要求，存在轻微缺陷，琉璃构件局部存在开裂等现象，工作无明显异常，牌楼构造项评为 b1 级。

综上，根据 GB/T 39056-2020 第 B.1.2.4 条，评定主体结构构件第一级安全性评估等级为 B1 级。

（2）主体结构整体评估

经检测，牌楼结构体系及布置基本合理，传力路线设计基本正确，牌楼整体性评为 A1 级。

（3）主体结构侧向位移评估

经测量，主体结构存在侧向位移，超过规范限值要求，但构件未出现裂缝、变形或其他局部损坏迹象，牌楼侧向位移评为 B1 级。

综上，根据 GB/T 39056-2020 第 B.1.2.3 条，评定主体结构第一级安全性评估等级为 B1 级。

围护系统第一级评估

围护系统主要包括琉璃屋盖。依据 GB/T 39056-2020 第 6.3.1 条，围护系统的安全性评估等级判定，应按功能现状、构造连接等两个检查项目评定。

（1）功能现状评估

经检测，屋盖有轻微缺陷，但尚不显著影响其功能，功能现状项均评为 B1 级。

（2）构造连接评估

经测量，屋盖构造合理，连接方式正确，构件选型及布置基本合理，无明显变形，工作无异常，仅局部有损坏，对主体结构有较轻的不利影响，构造连接项均评为 B1 级。

综上，根据 GB/T 39056-2020 第 B.1.2.3 条，评定围护系统第一级安全性评估等级为 B1 级。

整体结构第一级评估

综合上述，根据《古建筑砖石结构维修与加固技术规范》（GB/T 39056-2020）第 B.1.3 条，牌楼的第一级安全性等级评为 Ⅱ 级。

6.3 结构安全性第二级评估

由于四座牌楼的结构形式完全一致，本结构承载力计算结果参照第 6.5.3 节东牌楼的承载力计算结果，石券及砖墙承载力均满足要求。

6.4 结构整体安全性评估

综合地基基础、上部结构、围护系统的安全性评估结果，根据《古建筑砖石结构维修与加固技术规范》（GB/T 39056-2020）第 B.2.3 节，综合评定该结构的安全性等级为二级，整体安全性不符合一级的要求，尚不显著影响整体承载。

7. 处理建议

（1）建议对存在断裂、外闪、风化的阶条石进行修复处理。鉴于台明四周阶条石多处存在断裂及外闪，南侧及东侧台明相对位置较低，建议对地基基础沉降变形进行监测。

（2）建议对存在破碎、断裂、缺失以及风化剥落的琉璃构件进行修复处理。

（3）建议清理屋面杂草，对屋顶瓦件表面进行修补。

（4）建议对墙体抹灰进行修复处理。

（5）经测量，南牌楼墙体存在上端向南侧倾斜的趋势，建议对砖墙变形进行实时监测，如发现存在进一步发展的趋势，应采取相应加固处理措施。

（6）对该文物建筑涉及的结构修缮加固，建议委托具有资质的单位进行修缮加固设计，确保安全。

第十章 西牌楼结构安全检测鉴定

1. 建筑概况

1.1 建筑简况

西牌楼形制为三间四柱七楼。重昂五踩琉璃斗拱。屋面歇山顶，黄琉璃瓦心，绿琉璃镶边。台基长 15.25 米，宽 3.17 米。

牌楼明间面阔 4.83 米，两次间面阔 4.2 米，夹杆石外皮至外皮通面阔 14.09 米。牌楼的明间高 11.76 米，次间高 10.53 米。各间有石券门一座：明间门宽 2.43 米，券顶高 3.775 米；次间门宽 2.00 米，券顶高 3.475 米。券下设须弥座。各间琉璃柱下有夹杆。

参照刘敦桢《牌楼算例》，琉璃牌楼一般在墙壁内部安装二根中柱、二根边柱及三根万年枋，形成牌楼的骨架，以上柱枋均采用柏木。在夹杆石、须弥座以及券门的上部砌筑城砖，并将琉璃瓦件贴装在砌体砖上，不贴琉璃的部位，抹饰红灰提浆。

1.2 现状立面照片

西牌楼东立面照片

西牌楼西立面照片

西牌楼南立面照片

1.3 建筑测绘图纸

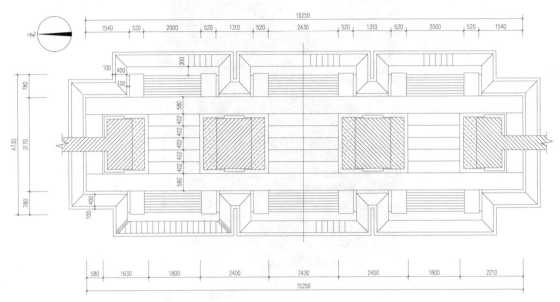

西牌楼平面测绘图

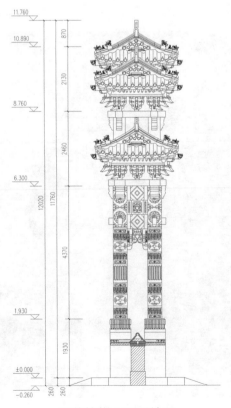

西牌楼侧立面测绘图

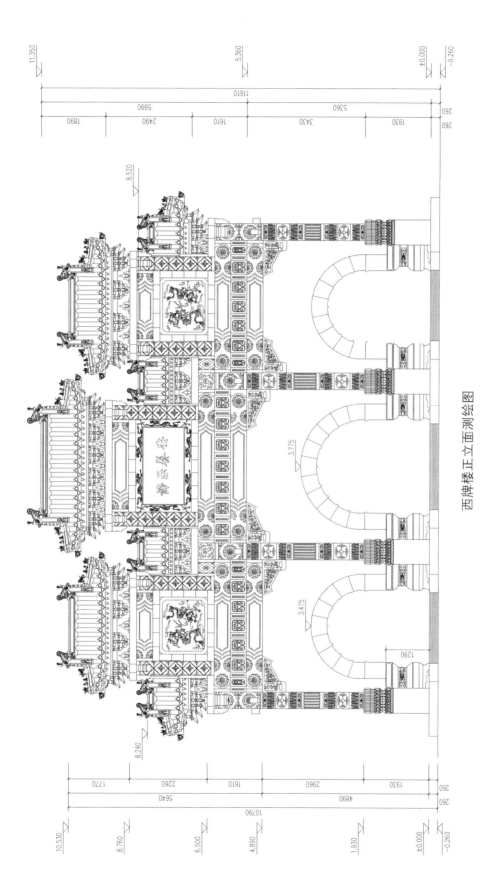

西牌楼正立面测绘图

2. 地基基础雷达探查

采用地质雷达对结构地基基础进行探查。雷达天线频率为 300 兆赫，测试深度约为 1.5 米，雷达测线见示意图，详细测试结果见后图。

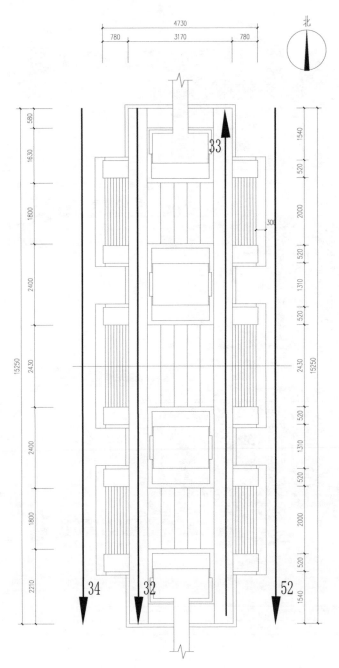

西牌楼雷达测线示意图

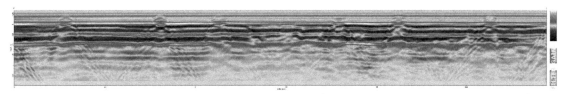

测线 32（西牌楼西侧台明）

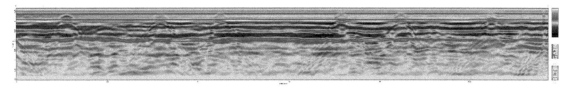

测线 33（西牌楼东侧台明）

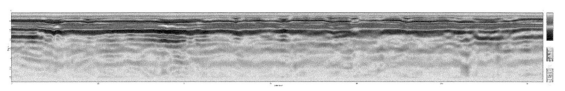

测线 34（西牌楼西侧地面）

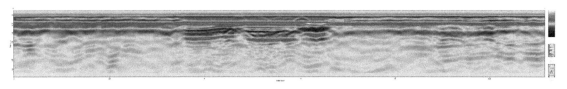

测线 52（西牌楼东侧地面）

由台基测线 32、33 可见，西牌楼台基上表面雷达反射波形态基本平直连续，其中部分强反射是由于台基两侧金属围栏的影响，台基下方未发现存在明显空洞等缺陷。

由室外地面测线 34、52 可见，西牌楼室外地面雷达反射波形态基本平直连续，下方未发现存在明显空洞等缺陷。

由于地面无法开挖与雷达图像进行比对，解释结果仅作为参考。

3. 结构外观质量检查

3.1　地基基础

经检查，结构未见因地基不均匀沉降而导致的明显裂缝和变形，建筑的地基基础承载状况基本良好。

地基基础现状见现图。

东侧台基

西侧台基现状

3.2 上部承重结构

对该房屋上部承重结构具备检查条件的构件进行了检查检测，主要检查结论如下：

（1）牌楼砖砌体墙未发现存在受力裂缝、局部鼓闪等明显缺陷，承载状况正常。

（2）券石局部存在明显风化剥落。

（3）须弥座角部存在断裂。

（4）琉璃构件多处局部断裂破碎。

（5）南侧墙体抹灰层局部脱落。

（6）墙体油饰多处开裂、脱落。

（7）南立面一处琉璃构件缺失。

上部承重结构现状见后图。

南侧墙体抹灰层局部脱落，琉璃构件多处开裂

南立面一处琉璃构件缺失

墙体红浆多处开裂、脱落

南次间券石局部存在明显风化剥落

券底部须弥座角部存在断裂

3.3　围护系统

（1）经检查，屋檐有两处子角梁断裂、局部望板椽条断裂。

（2）经检查，南侧屋檐多处瓦当缺失。

围护结构现状见后图。

西侧两处仔角梁断裂

西侧屋檐局部望板橡条断裂

南侧屋檐多处瓦当缺失

东侧南段角梁及椽条断裂

西牌楼琉璃构件破损位置示意图——东立面

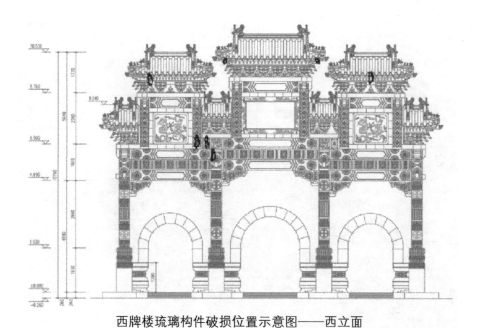

西牌楼琉璃构件破损位置示意图——西立面

4.构件变形测量

4.1 砖墙局部倾斜测量

现场采用全站仪等测量墙体两侧的侧向变形情况，测量高度为3000毫米，测量结果见后图。

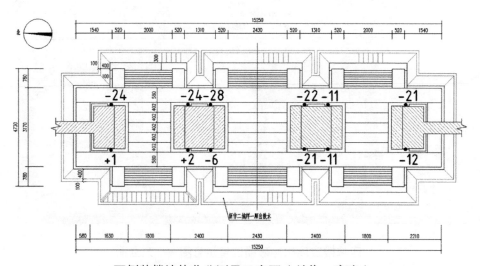

西侧牌楼墙体收分测量示意图（单位：毫米）

图中"－"代表墙体上端内收，"＋"代表墙体上端外倾。

测量结果表明：

西牌楼墙体东立面均存在内收，收分量在 11 毫米至 28 毫米之间；西立面除北部 2 处外倾外，其他测点均内收，最大收分量为 21 毫米，最大外倾量为 2 毫米。最大倾斜值为 28 毫米，最大倾斜率为 0.9%（内收）。依据《古建筑砖石结构维修与加固技术规范》（GB/T 39056-2020）第 B.1.1.3 条，墙体倾斜率限值为 4%，满足规范要求。

由于结构初期可能存在施工偏差，墙体外倾值不完全是墙体的变形，鉴于目前未发现结构存在因外倾而导致的墙体开裂等明显损坏现象，可暂不进行处理。

4.2 檐部侧向位移测量

现场采用全站仪测量檐部侧向变形情况，测点 1 位于牌楼次楼端部上檐的中间部位，测点 2 位于宇墙上部的中间部位，测点 3 位于边楼下檐斗拱底部的中间部位，测点见示意图，测量结果见下表。

牌楼整体侧向位移检测结果表（毫米）

测点	南端	北端
测点 1	/	35 偏西
测点 2	0	0
测点 3	10 偏西	/

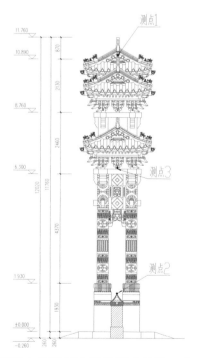

牌楼侧向位移测点示意图（单位：毫米）

测点 1 位于次楼上檐，不是承重结构主体，构件也未产生裂缝及其他局部损坏迹象。鉴于墙体厚度为 2000 毫米，此偏差值对结构的偏心影响较小。

5. 台基相对高差测量

现场对台明上表面及须弥座的上表面的相对高差进行了测量，测量位置见示意图，高差分布情况测量结果见后图。

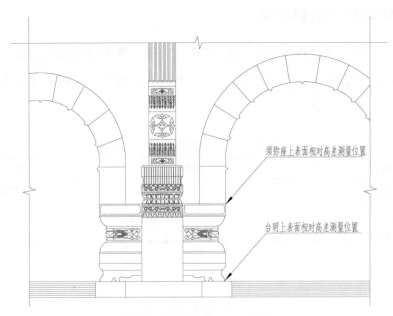

相对高差测量位置示意图

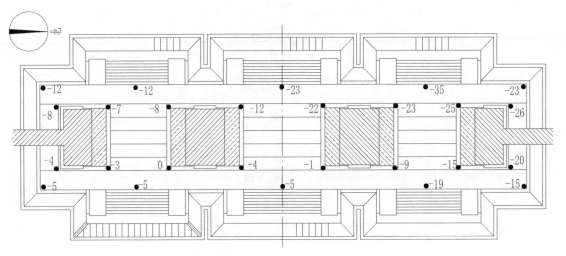

台明上表面高差检测结果（单位：毫米）

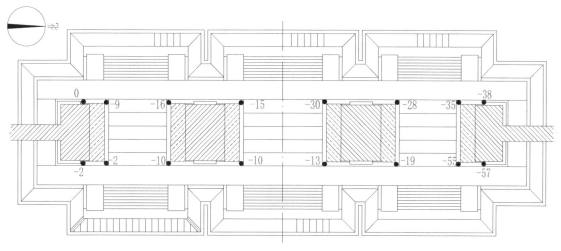

须弥座上表面高差检测结果（单位：毫米）

测量结果表明：

（1）台明上表面存在一定高差，相对高度最低处位于建筑西北角处，为 –35 毫米，相对高度最高处位于建筑东南角处，为 0 毫米；最低处与最高处相差 35 毫米。台明上表面呈现北侧及西侧相对较低的趋势。

（2）须弥座上表面存在一定高差，相对高度最低处位于建筑北侧，为 –55 毫米；相对高度最高处位于南侧，为 0 毫米；最低处与最高处相差 55 毫米。须弥座上表面明显呈现北侧相对较低的趋势，与下方台明高差情况基本一致，表明结构北部存在一定的沉降，西侧相对东侧存在轻微沉降。

由于结构初期可能存在施工偏差，此部分高差不完全是地基的沉降差，鉴于目前未发现结构存在因地基不均匀沉降而导致的墙体开裂等明显损坏现象，可暂不进行处理。

6. 结构安全性评估

6.1　评定方法和原则

依据《古建筑砖石结构维修与加固技术规范》（GB/T 39056-2020）对本结构进行安全性评估。依据 GB/T 39056-2020 第 6.2 条，安全性评估分为两级评估。第一级评估应以外观损伤等宏观控制和构造鉴定为主进行综合评定，第二级评估应以承载能力验算为主进行综合评定。

6.2 结构安全性第一级评估

地基基础第一级评估

经检查，地基不均匀沉降大于 0.4%，但未发现上部结构存在不均匀沉降引起的裂缝、变形、位移及其他损坏现象，因此，本鉴定单元地基基础的安全性评为 B1 级。

主体结构第一级评估

（1）主体结构构件评估

依据 GB/T 39056-2020 第 6.3.1 条，主体结构的安全性评估等级判定，应按酥碱风化、变形、裂缝和构造等四个检查项目评定。

1）酥碱风化评估

经检测，本结构局部存在风化剥落，但未超过 5% 规范限值，酥碱风化项均评为 a1 级。

2）变形评估

经测量，墙体存在轻微倾斜，倾斜率均小于 4%，变形项均评为 a1 级。

3）裂缝评估

经检测，未发现墙体存在明显裂缝，裂缝项评为 a1 级。

4）构造评估

经检测，牌楼连接及砌筑方式基本正确，构造符合要求，存在轻微缺陷，琉璃构件多处存在开裂等现象，工作无明显异常，牌楼构造项评为 b1 级。

综上，根据 GB/T 39056-2020 第 B.1.2.4 条，评定主体结构构件第一级安全性评估等级为 B1 级。

（2）主体结构整体评估

经检测，牌楼结构体系及布置基本合理，传力路线设计基本正确，牌楼整体性评为 A1 级。

（3）主体结构侧向位移评估

经测量，主体结构存在侧向位移，超过规范限值要求，但构件未出现裂缝、变形或其他局部损坏迹象，牌楼侧向位移评为 B1 级。

综上，根据 GB/T 39056-2020 第 B.1.2.3 条，评定主体结构第一级安全性评估等级为 B1 级。

围护系统第一级评估

围护系统主要包括琉璃屋盖。依据 GB/T 39056-2020 第 6.3.1 条，围护系统的安全性评估等级判定，应按功能现状、构造连接等两个检查项目评定。

（1）功能现状评估

经检测，屋盖有轻微缺陷，但尚不显著影响其功能，功能现状项均评为 B1 级。

（2）构造连接评估

经测量，屋盖构造合理，连接方式正确，构件选型及布置基本合理，无明显变形，工作无异常，仅局部有损坏，对主体结构有较轻的不利影响，构造连接项均评为 B1 级。

综上，根据 GB/T 39056-2020 第 B.1.2.3 条，评定围护系统第一级安全性评估等级为 B1 级。

整体结构第一级评估

综合上述，根据《古建筑砖石结构维修与加固技术规范》（GB/T 39056-2020）第 B.1.3 条，牌楼的第一级安全性等级评为 Ⅱ 级。

6.3　结构安全性第二级评估

由于四座牌楼的结构形式完全一致，本结构承载力计算结果参照第 6.5.3 节东牌楼的承载力计算结果，石券及砖墙承载力均满足要求。

6.4　结构整体安全性评估

综合地基基础、上部结构、围护系统的安全性评估结果，根据《古建筑砖石结构维修与加固技术规范》（GB/T 39056-2020）第 B.2.3 节，综合评定该结构的安全性等级为二级，整体安全性不符合一级的要求，尚不显著影响整体承载。

7. 处理建议

（1）建议对存在风化剥落的券石进行修复处理，并采取化学保护措施。

（2）建议对存在断裂的须弥座进行修复处理。

（3）建议对存在破碎、断裂以及缺失的琉璃构件进行修复处理。

（4）建议对墙体抹灰层进行修复处理。

（5）对该建筑涉及的结构修缮加固，建议委托具有资质的单位进行修缮加固设计，确保安全。

第十一章 北牌楼结构安全检测鉴定

1. 建筑概况

1.1 建筑简况

北牌楼形制为三间四柱七楼。重昂五踩琉璃斗拱。屋面歇山顶，黄琉璃瓦心，绿琉璃镶边。台基长 15.25 米，宽 3.17 米。

牌楼明间面阔 4.83 米，两次间面阔 4.2 米，夹杆石外皮至外皮通面阔 14.09 米。牌楼的明间高 11.76 米，次间高 10.53 米。各间有石券门一座：明间门宽 2.43 米，券顶高 3.775 米；次间门宽 2.00 米，券顶高 3.475 米。券下设须弥座。各间琉璃柱下有夹杆。

参照刘敦桢《牌楼算例》，琉璃牌楼一般在墙壁内部安装二根中柱、二根边柱及三根万年枋，形成牌楼的骨架，以上柱枋均采用柏木。在夹杆石、须弥座以及券门的上部砌筑城砖，并将琉璃瓦件贴装在砌体砖上，不贴琉璃的部位，抹饰红灰提浆。

1.2 现状立面照片

北牌楼南立面

237

北牌楼北立面

北牌楼西立面

1.3　建筑测绘图纸

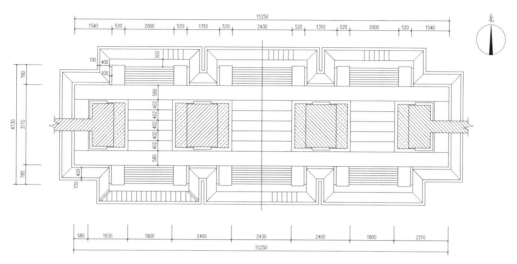

北牌楼平面测绘图

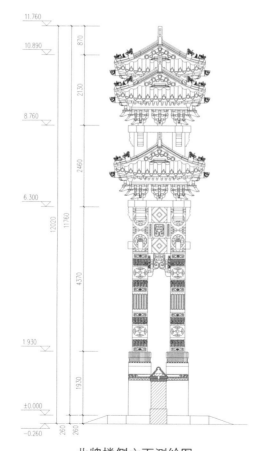

北牌楼侧立面测绘图

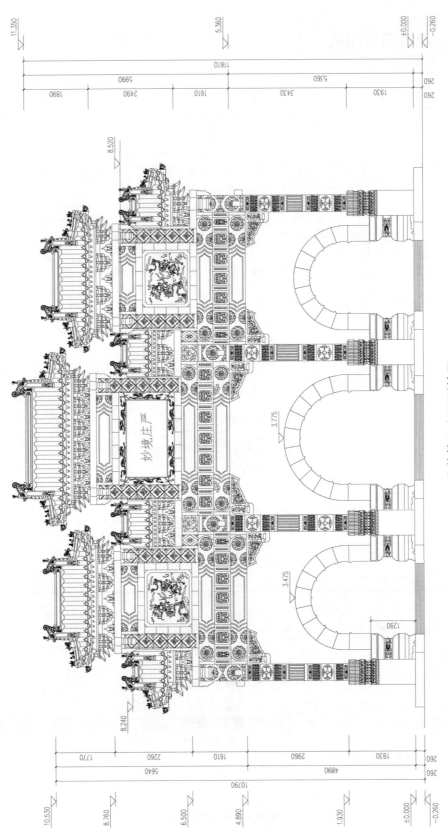

北牌楼正立面测绘图

2. 地基基础雷达探查

采用地质雷达对结构地基基础进行探查。雷达天线频率为 300 兆赫，测试深度约为 1.5 米，雷达测线见示意图，详细测试结果见后图。

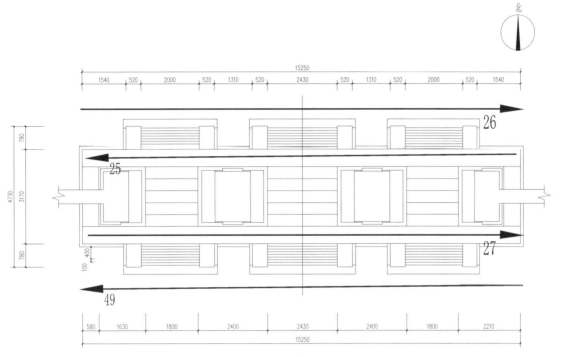

北牌楼雷达测线示意图

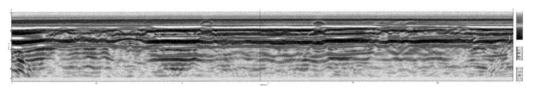

测线 25（北牌楼北侧台明）

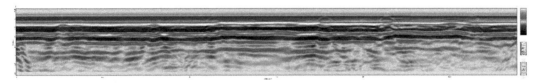

测线 27（北牌楼南侧台明）

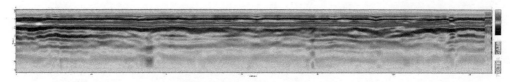

测线 26（北牌楼北侧地面）

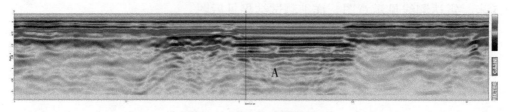

测线 49（北牌楼南侧地面）

由台基测线 25、27 可见，北牌楼台基上表面雷达反射波形态基本平直连续，下方未发现存在明显空洞等缺陷。

由室外地面测线 26、49 可见，北牌楼南侧地面的中间部位（A 点）雷达反射波存在强反射，此异常性质可能是局部疏松所致。

由于地面无法开挖与雷达图像进行比对，解释结果仅作为参考。

3. 结构外观质量检查

3.1　地基基础

经检查，结构未见因地基不均匀沉降而导致的明显裂缝和变形，建筑的地基基础承载状况基本良好。

地基基础现状见后图。

北侧台基

南侧台基

3.2　上部承重结构

对该房屋上部承重结构具备检查条件的构件进行了检查检测，主要检查结论如下：

（1）牌楼砖砌体墙未发现存在受力裂缝、局部鼓闪等明显缺陷，承载状况正常。

（2）琉璃构件多处局部断裂破碎。

（3）墙面红浆多处存在脱落。

（4）须弥座两处角部存在缺损。

上部承重结构现状见后图。

琉璃构件多处存在开裂，油饰普遍出现脱落

券底部须弥座角部存在缺损

3.3 围护系统

（1）经检查，北侧屋檐局部望板、椽条断裂。

（2）经检查，东南角处角梁断裂。

（3）经检查，南侧局部瓦片掉落。

围护结构现状见后图。

北侧屋檐局部望板、椽条断裂

东南角处角梁断裂

南侧屋檐局部瓦片掉落

245

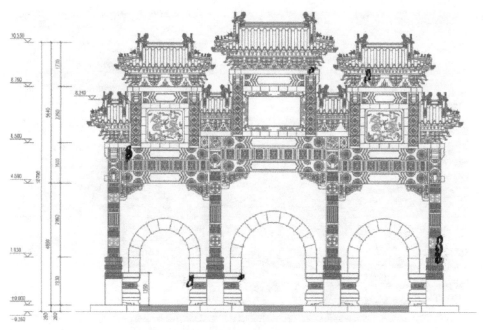

北牌楼琉璃构件破损位置示意图——北立面

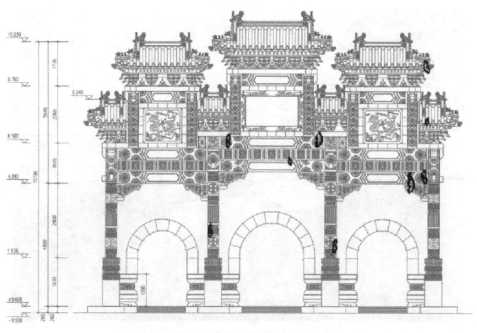

北牌楼琉璃构件破损位置示意图——南立面

4. 构件变形测量

4.1　砖墙局部倾斜测量

现场采用全站仪等测量墙体两侧的侧向变形情况，测量高度为 3000 毫米，测量结果见后图。

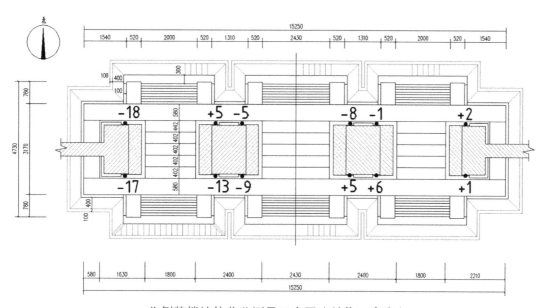

北侧牌楼墙体收分测量示意图（单位：毫米）

图中"—"代表墙体上端内收，"+"代表墙体上端外倾。

测量结果表明：

北牌楼墙体南立面西部内收、东部外倾，最大收分量为 17 毫米，最大外倾量为 6 毫米；北立面 2 处外倾，其他测点均内收，最大收分量为 18 毫米，最大外倾量为 5 毫米。最大倾斜值为 18 毫米，最大倾斜率为 0.6%（内收）。依据《古建筑砖石结构维修与加固技术规范》（GB/T 39056–2020）第 B.1.1.3 条，墙体倾斜率限值为 4%，满足规范要求。

由于结构初期可能存在施工偏差，墙体外倾值不完全是墙体的变形，鉴于目前未发现结构存在因外倾而导致的墙体开裂等明显损坏现象，可暂不进行处理。

4.2 檐部侧向位移测量

现场采用全站仪测量檐部侧向变形情况，测点 1 位于牌楼次楼端部上檐的中间部位，测点 2 位于宇墙上部的中间部位，测点位置见示意图，测量结果见下表。

牌楼整体侧向位移检测结果表（毫米）

测点	西端	东端
测点 1	72 偏北	40 偏北
测点 2	0	0

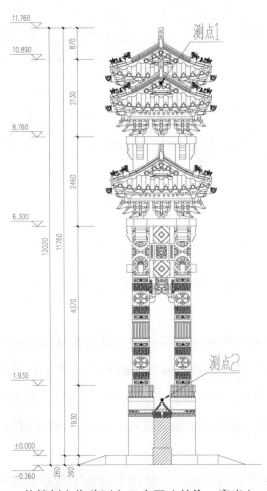

牌楼侧向位移测点示意图（单位：毫米）

测点 1 位于次楼上檐，不是承重结构主体，构件也未产生裂缝及其他局部损坏迹象。鉴于墙体厚度为 2000 毫米，此偏差值对结构的偏心影响较小。后期可以对其进行定期观测。

5. 台基相对高差测量

现场对台明上表面及须弥座的上表面的相对高差进行了测量，测量位置见示意图。高差分布情况测量结果见后图。

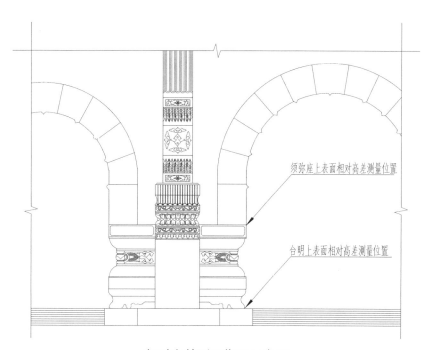

须弥座上表面相对高差测量位置

台明上表面相对高差测量位置

相对高差测量位置示意图

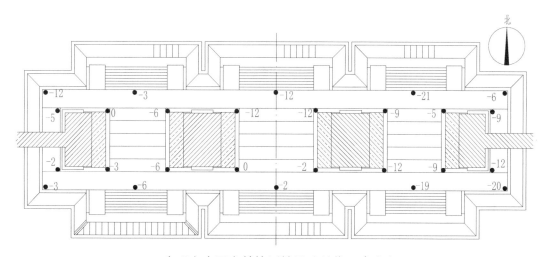

台明上表面高差检测结果（单位：毫米）

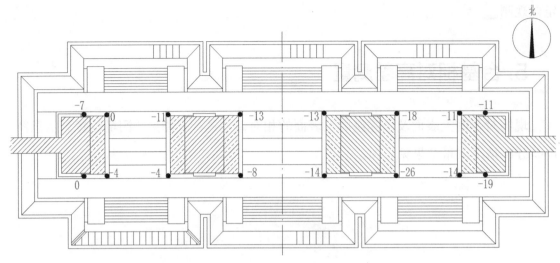

须弥座上表面高差检测结果（单位：毫米）

测量结果表明：

（1）台明上表面存在一定高差，相对高度最低处位于建筑东北角，为 –21 毫米，相对高度最高处位于建筑西部，为 0 毫米；最低处与最高处相差 21 毫米。台明上表面呈现北侧及东侧相对较低的趋势。

（2）须弥座上表面存在一定高差，相对高度最低处位于建筑东南部，为 –26 毫米；相对高度最高处位于西部，为 0 毫米；最低处与最高处相差 26 毫米。须弥座上表面明显呈现东侧相对较低的趋势，与下方台明高差情况基本一致，表明结构东部存在一定的沉降。

由于结构初期可能存在施工偏差，此部分高差不完全是地基的沉降差，鉴于目前未发现结构存在因地基不均匀沉降而导致的墙体开裂等明显损坏现象，可暂不进行处理。

6. 结构安全性评估

6.1 评定方法和原则

依据《古建筑砖石结构维修与加固技术规范》（GB/T 39056-2020）对本结构进行安全性评估。依据 GB/T 39056-2020 第 6.2 条，安全性评估分为两级评估。第一级评估应以外观损伤等宏观控制和构造鉴定为主进行综合评定，第二级评估应以承载能力验算为主进行综合评定。

6.2　结构安全性第一级评估

地基基础第一级评估

经检查，地基不均匀沉降大于 0.4%，但未发现上部结构存在不均匀沉降引起的裂缝、变形、位移及其他损坏现象，因此，本鉴定单元地基基础的安全性评为 B1 级。

主体结构第一级评估

（1）主体结构构件评估

依据 GB/T 39056-2020 第 6.3.1 条，主体结构的安全性评估等级判定，应按酥碱风化、变形、裂缝和构造等四个检查项目评定。

1）酥碱风化评估

经检测，本结构承重构件未发现存在明显酥碱风化，酥碱风化项均评为 a1 级。

2）变形评估

经测量，墙体存在轻微倾斜，倾斜率均小于 4%，变形项均评为 a1 级。

3）裂缝评估

经检测，未发现墙体存在明显裂缝，裂缝项评为 a1 级。

4）构造评估

经检测，牌楼连接及砌筑方式基本正确，构造符合要求，存在轻微缺陷，琉璃构件多处存在开裂等现象，工作无明显异常，牌楼构造项评为 b1 级。

综上，根据 GB/T 39056-2020 第 B.1.2.4 条，评定主体结构构件第一级安全性评估等级为 B1 级。

（2）主体结构整体评估

经检测，牌楼结构体系及布置基本合理，传力路线设计基本正确，牌楼整体性评估等级为 A1 级。

（3）主体结构侧向位移评估

经测量，主体结构存在侧向位移，超过规范限值要求，但构件未出现裂缝、变形或其他局部损坏迹象，牌楼侧向位移评为 B1 级。

综上，根据 GB/T 39056-2020 第 B.1.2.3 条，评定主体结构第一级安全性评估等级为 B1 级。

围护系统第一级评估

围护系统主要包括琉璃屋盖。依据 GB/T 39056-2020 第 6.3.1 条，围护系统的安全性评估等级判定，应按功能现状、构造连接等两个检查项目评定。

（1）功能现状评估

经检测，屋盖有轻微缺陷，但尚不显著影响其功能，功能现状项均评为 B1 级。

（2）构造连接评估

经测量，屋盖构造合理，连接方式正确，构件选型及布置基本合理，无明显变形，工作无异常，仅局部有损坏，对主体结构有较轻的不利影响，构造连接项均评为 B1 级。

综上，根据 GB/T 39056-2020 第 B.1.2.3 条，评定围护系统第一级安全性评估等级为 B1 级。

整体结构第一级评估

综合上述，根据《古建筑砖石结构维修与加固技术规范》（GB/T 39056-2020）第 B.1.3 条，牌楼的第一级安全性等级评为 Ⅱ 级。

6.3 结构安全性第二级评估

由于四座牌楼的结构形式完全一致，本结构承载力计算结果参照第 6.5.3 节东牌楼的承载力计算结果，石券及砖墙承载力均满足要求。

6.4 结构整体安全性评估

综合地基基础、上部结构、围护系统的安全性评估结果，根据《古建筑砖石结构维修与加固技术规范》（GB/T 39056-2020）第 B.2.3 节，综合评定该结构的安全性等级为二级，整体安全性不符合一级的要求，尚不显著影响整体承载。

7. 处理建议

（1）建议对存在破碎、断裂以及缺失的琉璃构件进行修复处理。

（2）建议对墙体红浆进行修复处理。

（3）建议对存在缺损的须弥座进行修复处理。

（4）对该建筑涉及的结构修缮加固，建议委托具有资质的单位进行修缮加固设计，确保安全。

附　录

1. 木材材质状况分析报告

1.1　树种分析结果

树种鉴定按照《木材鉴别方法通则》（GB/T 29894-2013），采用宏观和微观识别相结合的方法。首先使用放大镜观察木材宏观特征，初步判定或区分树种；继而，在光学显微镜下观察木材的微观解剖特征，进一步判定和区分树种；最后，与正确定名的木材标本和光学显微切片进行比对，确定木材名称。经鉴定，取样木材分别为硬木松（*Pinus* sp.）、落叶松（*Larix* sp.）、柏木（*Cupressus* sp.）、楠木（*Phoebe* sp.）和软木松（*Pinus* sp.），详细结果列表如下。

木材分析结果

编号	构件位置及名称	树种名称	拉丁名
1	极乐世界殿 D-10 柱	硬木松	*Pinus* sp.
2	极乐世界殿天花梁 1/F-5-6	楠木	*Phoebe* sp.
3	极乐世界殿东南抹角梁随梁	落叶松	*Larix* sp.
4	极乐世界殿东侧椽条	柏木	*Cupressus* sp.
5	极乐世界殿南侧下金枋	落叶松	*Larix* sp.
6	极乐世界殿西侧中金枋	楠木	*Phoebe* sp.
7	极乐世界殿东南角由戗	落叶松	*Larix* sp.
8	极乐世界殿西侧中金檩	落叶松	*Larix* sp.
9	极乐世界殿南侧下金檩	软木松	*Pinus* sp.
10	东北角亭 3-B-C 承椽枋	硬木松	*Pinus* sp.
11	东南角亭 3-B 轴柱	落叶松	Larix sp.
12	东南角亭 3-A-B 抱头梁	落叶松	Larix sp.

编号	构件位置及名称	树种名称	拉丁名
13	东南角亭 3 轴承橡枋	硬木松	Pinus sp.
14	西南角亭 B–C–3 承橡枋	硬木松	*Pinus sp.*
15	西南角亭 B–3 柱	落叶松	*Larix* sp.
16	西北角亭 3–C 柱	落叶松	*Larix* sp.
17	西北角亭 2–3–C 轴承橡枋	落叶松	*Larix* sp.

1.2　树种介绍、参考产地、显微照片及物理力学性质

硬木松（拉丁名：*Pinus* sp.）

木材解剖特征：

生长轮甚明显，早材至晚材急变。早材管胞横切面为方形及长方形，径壁具缘纹孔通常 1 列，圆形及椭圆形；晚材管胞横切面为长方形、方形及多边形，径壁具缘纹孔 1 列、形小、圆形。轴向薄壁组织缺如。木射线单列和纺锤形两类，单列射线通常 3 个～8 个细胞高；纺锤射线具径向树脂道，近道上下方射线细胞 2 列～3 列，射线管胞存在于上述两类射线中，位于上下边缘 1 列～2 列。上下壁具深锯齿状或犬牙状加厚，具缘纹孔明显、形小。射线薄壁细胞与早材管胞间交叉场纹孔式为窗格状 1 个～2 个，通常为 1 个，具轴向和横向树脂道，树脂道泌脂细胞壁薄，常含拟侵填体，径向树脂道比轴向树脂道小得多。

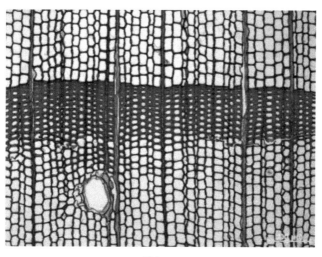

横切面

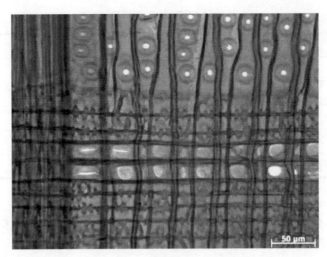

径切面

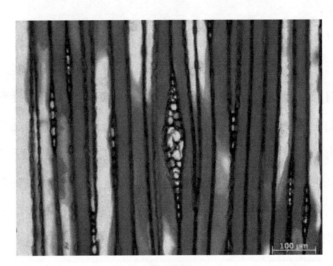

弦切面

树木及分布：

以油松为例：大乔木，高可达 25 米，胸径 2 米。分布在东北、内蒙古、西南、西北及黄河中下游。

木材加工、工艺性质：

纹理直或斜，结构粗或较粗，较不均匀，早材至晚材急变，干燥较快，板材气干时会产生翘裂；有一定的天然耐腐性，防腐处理容易。

木材利用：

可用作建筑、运动器械等。参考马尾松（马尾松：适于做造纸及人造丝的原料。过去福建马尾造船厂使用马尾松做货轮的船壳与龙骨等。目前大量用于包装工业以代替红

松，经脱脂处理后质量更佳。原木或原条经防腐处理后，最适于做坑木、电杆、枕木、木桩等，并为工厂、仓库、桥梁、船坞等重型结构的原料。房屋建筑上如用作房架、柱子、搁栅、地板和里层地板、墙板等，应用室内防腐剂进行防腐处理，否则易受白蚁和腐木菌危害。通常用作卡车、电池隔电板、木桶、箱盒、橱柜、板条箱、农具及日常用具。运动器械方面有跳箱、篮球架等。原木适于做次等胶合板，南方多做火柴杆盒）。

参考用物理力学性质（参考地——湖南莽山）：

中文名称	密度（g/cm³）		干缩系数（%）			抗弯强度（MPa）	抗弯弹性模量（GPa）	顺纹抗压强度（MPa）	冲击韧性（kJ/m²）	硬度（MPa）		
	基本	气干	径向	弦向	体积					端面	径面	弦面
马尾松	0.510	0.592	0.187	0.327	0.543	77.843	11.765	36.176	44.394	41.373	31.569	35.294

楠木（拉丁名：*Phoebe* sp.）

木材解剖特征：

生长轮明显，散孔材。导管横切面为圆形及卵圆形，单管孔及径列复管孔2个～3个，管孔团偶见，具侵填体；单穿孔，稀复穿孔梯状。管间纹孔式互列，多角形。轴向薄壁组织量少，环管状，稀呈环管束状，并具星散状，油细胞或黏液细胞甚多。木纤维壁薄，单纹孔略有狭缘，数量多，具分隔木纤维。木射线非叠生；木射线单列者极少，多列射线宽2个～3个细胞，高10个～20个细胞。射线组织异形Ⅲ及Ⅱ型；内含晶体，油细胞及黏液细胞数多。导管－射线间纹孔式为刻痕状、大圆形或似管间纹孔式。

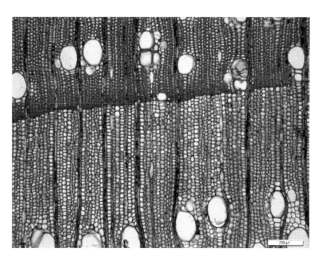

横切面

257

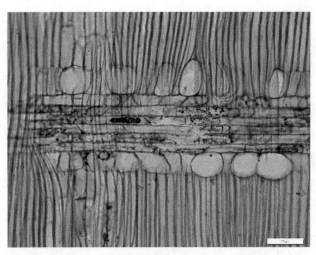

径切面

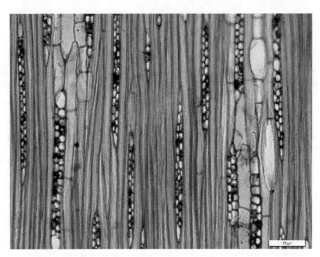

弦切面

树木及分布:

楠木属约 94 种,我国约 34 种;现以桢楠为例,大乔木,高可达 40 米,胸径达 1 米,树皮浅灰黄或浅灰褐色,平滑,具有明显的褐色皮孔,分布在四川、贵州和湖北。

木材加工、工艺性质:

干燥情况颇佳,微有翘裂现象;干后尺寸稳定;性耐腐;切削容易,切面光滑,有光泽,板面美观;胶粘亦易;握钉力颇佳。

木材利用:

本种木材最为四川群众所喜用,其评价为该省所有阔叶树材之冠。由于结构细致,材色淡雅均匀,光泽性强,油漆性能良好,胀缩性小,为高级家具、地板、木床、胶合板及装饰材料，四川曾普遍用作钢琴壳、仪器箱盒、收音机木壳、木质电话机、文具、测尺、机模、漆器木胎、橱、柜、桌、椅、木床等。木材强度适中，能耐腐，又是做门、窗、扶手、柱子、屋顶、房架及其他室内装修、枕木、内河船壳、车厢等的良材。

参考用物理力学性质（参考地——四川峨眉）：

中文名称	密度（g/cm³）		干缩系数（%）			抗弯强度（MPa）	抗弯弹性模量（GPa）	顺纹抗压强度（MPa）	冲击韧性（kJ/m²）	硬度（MPa）		
	基本	气干	径向	弦向	体积					端面	径面	弦面
桢楠	—	0.610	0.169	0.248	0.433	79.200	9.905	39.500	58.300	44.600	40.000	42.200

落叶松（拉丁名：*Larix* sp.）

木材解剖特征：

生长轮明显，早材至晚材急变。早材管胞横切面为长方形，径壁具缘纹孔 1 列～2 列（2 列甚多）；晚材管胞横切面为方形及长方形，径壁具缘纹孔 1 列。轴向薄壁组织偶见。木射线具单列和纺锤形两类：①单列射线高 1 个～34 个细胞，多数 7 个～20 个细胞。②纺锤射线具径向树脂道。射线管胞存在于上述两类射线的上下边缘及中部，内壁锯齿未见，外缘波浪形。射线薄壁细胞水平壁厚。射线细胞与早材管胞间交叉场纹孔式为云杉型，少数杉木型，通常 4 个～6 个。树脂道轴向者大于径向，泌脂细胞壁厚。

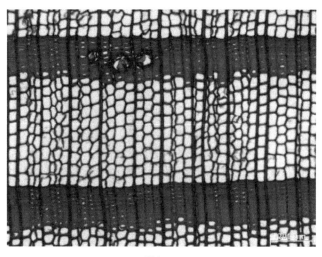

横切面

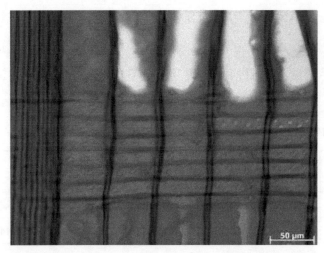

径切面

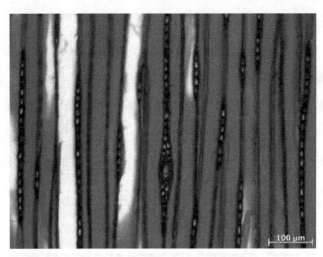

弦切面

树木及分布：

以落叶松为例：大乔木，高可达 35 米，胸径 90 厘米。分布在东北、内蒙古、山西、河北、新疆等。

木材加工、工艺性质：

干燥较慢，且易开裂和劈裂；早晚材性质差别大，干燥时常有沿年轮交界处轮裂现象；耐腐性强（但立木腐朽极严重），是针叶树材中耐腐性最强的树种之一，抗蚁性弱，能抗海生钻木动物危害，防腐浸注处理最难；多油眼；早晚材硬度相差很大，横向切削困难，但纵面颇光滑；油漆后光亮性好；胶黏性质中等；握钉力强，易劈裂。

木材利用：

因强度和耐腐性在针叶树材中均属较大，原木或原条比红杉类更适宜做坑木、枕木、电杆、木桩、篱柱、桥梁及柱子等。板材做房架、径锯地板、木槽、木梯、船舶、跳板、车梁、包装箱。亦可用于硫酸盐法制纸，幼龄材适于造纸。树皮可以浸提单宁。

参考用物理力学性质（参考地——东北小兴安岭）：

中文名称	密度（g/cm³）		干缩系数（%）			抗弯强度（MPa）	抗弯弹性模量（GPa）	顺纹抗压强度（MPa）	冲击韧性（kJ/m²）	硬度（MPa）		
	基本	气干	径向	弦向	体积					端面	径面	弦面
落叶松	—	0.641	0.169	0.398	0.588	111.078	14.216	56.471	48.020	36.961	—	—

柏木（拉丁名：*Cupressus* sp.）

木材解剖特征：

生长轮明显，早材至晚材渐变。早材管胞横切面为圆形及多边形；径壁具缘纹孔1列，圆形及卵圆形；晚材管胞横切面为长方形及多边形；径壁具缘纹孔1列，圆形及卵圆形。轴向薄壁组织在放大镜下可见，星散状及呈短弦列，少数带状。木射线单列，稀2列，高1个～26个（多5个～20个）细胞。射线细胞水平壁薄，纹孔甚少，不明显；端壁节状加厚不明显；凹痕明显。射线薄壁细胞与早材管胞间交叉场纹孔式为柏木型，1个～6个（通常2个～4个）。

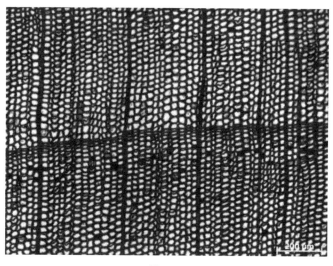

横切面

261

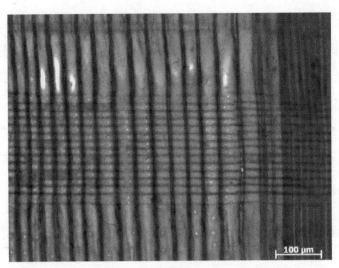

径切面

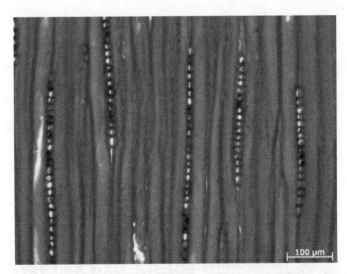

弦切面

树木及分布：

乔木，高可达 30 米，胸径 2 米。产于长江流域及以南温暖地区。

木材加工、工艺性质：

结构中而匀；重量及硬度中至大；强度及冲击韧性中；干燥较慢，不注意可能产生翘曲；耐腐性及抗蚁性均强；切削容易，切面光滑；耐磨损，握钉力大。

木材利用：

原木可用于檩、柱、搁栅、木桩、枕木、电杆等，板材则适用于造船、房架、地板及其他室内装修等。

物理力学性质（参考地——四川重庆）：

中文名称	密度（g/cm³）		干缩系数（%）			抗弯强度（MPa）	抗弯弹性模量（GPa）	顺纹抗压强度（MPa）	冲击韧性（kJ/m²）	硬度（MPa）		
	基本	气干	径向	弦向	体积					端面	径面	弦面
柏木	—	0.600	0.172	0.180	0.320	98.600	10.003	53.300	44.900	58.300	41.700	42.700

软木松（拉丁名：*Pinus* sp.）

木材解剖特征：

生长轮略明显，早材至晚材渐变。早材管胞横切面为方形、长方形及多边形；晚材为长方形及方形，径壁具缘纹孔 1 列（极少 2 列），轴向薄壁组织缺如。木射线具单列及纺锤形两类；单列射线高 1 个～18 个细胞，多数 4 个～12 个细胞。纺锤射线具径向树脂道，射线管胞存在于上述两类射线中，内壁微锯齿。射线薄壁细胞与早材管胞交叉场纹孔式为窗格状或松木型 1 个～3 个（多数 2 个）。树脂道轴向者大于径向，泌脂细胞壁薄。

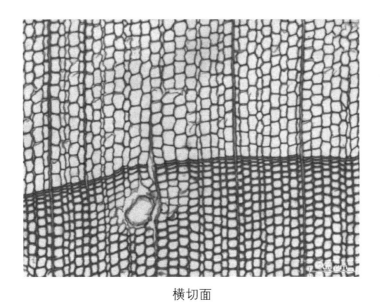

横切面

263

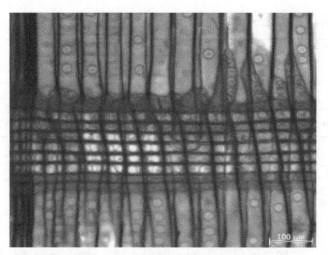

径切面

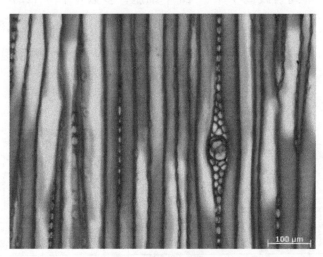

弦切面

树木及分布：

以华山松为例：大乔木，高可达 30 米。分布在东北、西南、西北及黄河中下游、长江中下游。

木材加工、工艺性质：

纹理直，结构中至粗，较均匀，干燥容易，不易开裂和变形；尺寸稳定性中等，木材耐腐，抗蚁性弱。

木材利用：

能适合做多种用途，系建筑和包装良材。树木高大，适于做建筑用材，如屋顶、柱子、里层地板、房架、门、窗、墙板及其他室内装修等；轻而软，易加工，适于制作箱盒、板条箱、弹药及军用品包装箱；兼之尺寸颇稳定，可作绘图板、木尺、船舰甲板、船桅、船舱用料，车厢，风琴的键盘、音板和簧风口，纺织卷筒和扣框，机模及水泥盒子板等。原木或原条可做电杆、枕木、造纸原料。也可制作一般家具，鞋楦，火柴杆、盒，包装木丝，蓄电池隔电板，运动器械等。由于软木松类的木材在我国是建筑及包装良材，供不应求，故从合理用材和企业经济效益着眼，该类松木不宜用作胶合板原料，因为上等原料只能出次等或一般产品。枝、梢、小径材为上等燃料及纤维板原料。松子可食，所以在云南俗称"吃松"。能适合做多种用途，系建筑和包装良材。

参考用物理力学性质（参考地——湖北建始）：

中文名称	密度（g/cm³）		干缩系数（%）			抗弯强度（MPa）	抗弯弹性模量（GPa）	顺纹抗压强度（MPa）	冲击韧性（kJ/m²）	硬度（MPa）		
	基本	气干	径向	弦向	体积					端面	径面	弦面
华山松	—	0.475	0.142	0.344	0.509	78.200	11.082	40.100	45.864	25.784	18.235	19.804

2. 大理石剥落样品检测报告

2.1　石质文物取样位置及样品外观

北海小西天西牌楼石质文物剥落病害形貌（一）

北海小西天西牌楼石质文物剥落病害形貌（一）

通过图片可见，小西天建筑群中石质文物表面存在十分明显的剥落现象，未发生剥落的石质文物表面为黑色，已经发生剥落的石质文物表面为白色。剥落部位与未剥落部位的边界不规则，且未剥落部位也有剥落的趋势。对将要发生剥落的大理石取样，以分析剥落现象的成因，样品照片如下图所示。

北海小西天石质文物剥落样品——正面

北海小西天石质文物剥落样品——背面

通过上图可见，小西天剥落样品外观呈薄片状，且薄片的厚度较为均匀。暴露在空气中的大理石（即样品正面）表面颜色发生明显改变；剥落发生位置（即样品背面）较为平整，观察无生物生长痕迹。

2.2　测试方法

（1）岩石薄片鉴定

岩石薄片鉴定法是通过将矿物或岩石标本磨制成薄片，在偏光显微镜下观测矿物的光学性质，从而确定岩石的矿物成分、岩石类型及其成因特征，并通过这些不同的特征确定岩石种类。因此可通过对现场取到的石质文物样品的岩相形貌进行观测，确定小西天中的石质文物所用的石材材种。

使用蔡司 Axio Imager 2 型偏光显微镜观测岩石切片的岩相结构。偏光显微镜是一种可鉴定被测物质细微结构光学性质的显微镜，从而鉴别某一物质是单折射（各向同性）或双折射性（各向异性）。由于双折射性是晶体的基本特性，因此，偏光显微镜被广泛地应用在矿物、化学等领域，从而确定被测物质的结构及种类。

（2）SEM-EDS 测试

使用 TESCAN MIRA4 型冷场发射扫描电子显微镜及其配套的能谱分析仪，扫描样品微区元素组成。电子枪：冷场发射；加速电压：0.5kV～30kV；放大倍数：50μm～10μm；二次电子像分辨率：1.5nm（15kV）；2.1nm（1kV）。

EDS（X射线能谱分析）是借助于检测试样发出的元素特征X射线波长和强度实现的，根据波长确定试样所含的元素，根据强度确定元素的相对含量。X射线管产生的X射线辐射在待测样品表面，使待测样品的内层电子被逐出，产生空穴，整个原子体系处于不稳定的激发态。而外层电子会自发地以辐射跃迁的方式回到内层填补空穴，产生特征X射线，其能量与入射辐射无关，是两能级之间的能量差。当特征X射线光子进入探测器后探测器原子电离，产生若干电子—空穴对，其数量与光子能量成正比。利用偏压收集这些电子空穴对，经过一系列的转换器后变成电压脉冲供给多脉冲高度分析器，并计算能谱中每个能带的脉冲数。

（3）岩石样品岩相鉴别结果

剥落样品的岩相照片如后图所示。通过对岩石的岩相成分进行分析可知，岩石主要由细晶白云石、微晶白云石及金云母组成。

剥落样品岩相

细晶白云石它形粒状，大小一般0.1毫米～0.2毫米，少部分0.2毫米～0.3毫米，镶嵌状、定向分布，为岩石之主体部分。

微晶白云石它形粒状，大小一般0.05毫米～0.1毫米，少部分0.02毫米～0.05毫米，镶嵌状、定向分布。

金云母片状，片直径一般0.02毫米～0.1毫米，少部分0.1毫米～0.2毫米，星散状、定向分布。

岩石轻微碎裂，岩内可见少量裂隙，沿裂隙有白云石及石英充填交代。

（4）SEM-EDS 测试分析结果

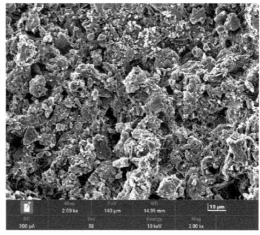

剥落样品正面 SEM 图片

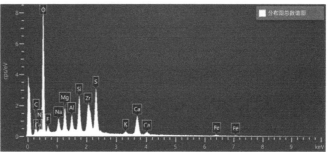

剥落样品正面能谱测试结果

剥落样品正面能谱测试结果表

元素	C	N	O	F	Na	Mg	Al
含量 /at.%	19.72	7.02	46.08	1.75	1.58	2.60	1.63
元素	Si	S	K	Ca	Fe	Zr	
含量 /at.%	3.87	6.49	0.50	4.99	0.90	2.88	

　　由样品正面的 SEM 测试结果并与背面的测试结果比较可知，样品表面无明显的白云石晶粒，但观察到了大量的无定型及细晶结构物质。该面的 EDS 测试结果显示，该样品正面元素成分较为复杂，如 Si、Na、N、S 等元素，推测是由于环境中的灰尘、酸雨、可溶盐等因素所导致。

　　此外还可观察到该样品表面颜色发黑，通过对北京太庙等其他地区大理石表面的黑色结壳成分及该样品表面的高 S 含量，可确定样品表面的这种黑色物质主要为石膏，石膏是环境中的降雨与大理石发生反应所产生的。

样品表面高含量的 N 元素，一方面可能来自酸雨，另一方面可能来自人为或自然形成的有机物污染。

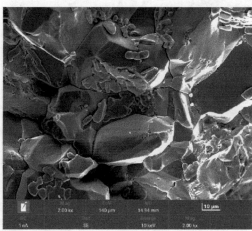

剥落样品背面 SEM 图片

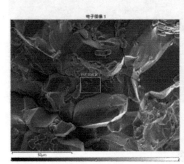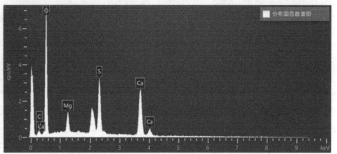

剥落样品背面能谱测试结果

剥落样品背面能谱测试结果

元素	C	O	Mg	S	Ca
含量 /at.%	8.26	63.24	2.80	9.77	15.92

由样品背面的 SEM 测试结果可知，白云石晶粒结构明显，但部分白云石晶粒发生了一定程度的破坏，且白云石晶粒表面出现了有明显晶体结构的其他物质。通过对该物质的 EDS 测试结果显示，该物质为石膏，该部位石膏的形成也是由于酸雨与白云石晶体的转换所导致。

2.3　总结

通过对样品的岩相测试结果可知，该大理石为白云石大理石。大理石样品正面存在大量黑色石膏，样品反面的白云石晶粒表面存在少量石膏。综合北京地区其他大理石构件中的黑色结壳病害及剥落病害可知该样品主要是由于硫酸型酸雨所导致，硫酸型酸雨与大理石基体形成石膏，降低了白云石晶粒间的结合力，从而导致了这种剥落现象的产生。

样品表面高含量的 N 元素，一方面可能来自酸雨，另一方面可能来自人为或自然形成的有机物污染，尽管有机物污染对石质文物也会造成一定程度的破坏，但其并不是造成这种类型的剥落现象的主要影响因素，因为样品的背面（即剥落发生的位置）未发现 N 元素。

3. 回弹法测试石材表面强度

鉴于西牌楼存在明显风化剥落，为了解西牌楼拱券石材表面硬度，本次采用砂浆回弹仪（型号：乐陵 ZC5）进行检测，检测操作参考《砌体工程现场检测技术标准》（GB/T 50315-2011）进行，由于暂无本种石材的抗压强度推定值计算方法，本次仅给出回弹值测试结果，回弹测试结果见下表。

石材回弹值测试结果表

测区	项目	1	2	3	4	5	6	7	8	9	10	平均值
1	回弹值	56	54	50	52	56	48	53	53	46	48	51.6
2	回弹值	52	48	54	46	48	55	58	45	50	45	50.1
3	回弹值	60	54	60	52	56	47	49	50	49	47	52.2
4	回弹值	50	45	50	55	54	47	51	48	54	46	49.9
5	回弹值	48	46	45	52	55	46	48	47	45	49	48.2
6	回弹值	52	53	48	46	42	49	55	47	51	53	49.6
7	回弹值	54	46	47	53	48	53	51	47	55	50	50.3
8	回弹值	48	52	48	55	48	55	45	54	49	52	50.6
9	回弹值	50	47	51	48	52	55	46	49	51	47	49.6
10	回弹值	55	50	50	45	50	46	52	48	49	51	49.8

后记

北海小西天极乐世界建筑群在历史上虽然经过几次修缮，但大体保持了清代官式建筑风格，尤其是主要建筑的彩画、装饰、雕刻等都具有清代的特征。其作为清乾隆时期的建筑，是研究清代官式建筑营造技术的典型范例，建筑群内涵盖了重檐攒尖顶大殿、重檐四角攒尖角亭、三间四柱七楼琉璃牌坊等不同类型的建筑。此次针对不同类型的建筑进行检测，希望以北京这一处典型清代官式建筑群中多种建筑形制的古建筑检测项目为例，起到抛砖引玉的作用，引发广大同仁更加深入地对古建筑结构安全检测评估和鉴定进行研究和分析。此次对于北海古建筑群结构安全检测工作还不足够深入，希望广大专家和学者对本书进行批评指正。

最后，感谢中国建筑科学研究院、中国林业科学研究院木材工业研究所、北京化工大学在北海小西天极乐世界建筑群结构安全检测工作中所做的贡献，同时感谢学苑出版社对此书出版工作的倾力支持。

张　涛

2022 年 12 月